职业院校课程改革系列教材配套教学用书

U0874856

有机化学
学习指导与练习

Youji Huaxue Xuexi Zhidao yu Lianxi

主　编　刘　斌
副主编　刘晓山

中国教育出版传媒集团
高等教育出版社·北京

内容简介

本书为五年一贯制高职公共基础课化学课程教材配套教学用书，根据五年一贯制高职的教学实际编写，配套《有机化学》一书使用。本书由上篇“课程指导”和下篇“问题解析”组成。上篇主要包括有机化学概述，开链烃及卤代烃，碳环化合物，立体异构，烃的含氧衍生物，含氮有机物，酯和脂类，杂环化合物和生物碱，糖类，氨基酸、蛋白质、核酸 10 章内容，每章设置了“学习引导”“能力提升”“素养养成”和“拓展延伸”四个模块，对各章重点内容进行梳理、复习与练习。下篇“问题解析”是针对学生容易混淆的概念与问题进行专题解析。本书最后还提供了学业水平检测试卷。

本书配套数字化资源（含参考答案），请登录高等教育出版社新形态教材网（https://abooks.hep.com.cn）获取相关资源。详细使用方法见本书最后一页“郑重声明”下方的“学习卡账号使用说明”。

本书可作为五年一贯制高职化学课程教学用书，也可供高等职业院校、高等专科学校使用。

图书在版编目（CIP）数据

有机化学学习指导与练习 / 刘斌主编；刘晓山副主编. --北京：高等教育出版社，2025.4

ISBN 978-7-04-061870-9

Ⅰ. ①有… Ⅱ. ①刘…②刘… Ⅲ. ①有机化学-高等职业教育-教学参考资料 Ⅳ. ①O62

中国国家版本馆 CIP 数据核字（2024）第 047141 号

策划编辑 王超然　责任编辑 王超然　封面设计 李卫青　版式设计 杨 树
责任绘图 于 博　责任校对 刁丽丽　责任印制 赵 佳

出版发行	高等教育出版社	网　址	http://www.hep.edu.cn
社　址	北京市西城区德外大街 4 号		http://www.hep.com.cn
邮政编码	100120	网上订购	http://www.hepmall.com.cn
印　刷	河北环京美印刷有限公司		http://www.hepmall.com
开　本	889mm × 1194mm 1/16		http://www.hepmall.cn
印　张	11.25		
字　数	230 千字	版　次	2025 年 4 月第 1 版
购书热线	010-58581118	印　次	2025 年 4 月第 1 次印刷
咨询电话	400-810-0598	定　价	29.50 元

物 料 号 61870-00

前言

本书是职业院校课程改革系列教材(五年一贯制高职公共基础课化学课程教材)《有机化学》的配套教学用书。本书旨在帮助学生深入理解有机化学的重要知识点、熟练掌握相关技能、提升化学核心素养,增强学生运用化学知识分析和解决生产、生活中的实际问题的能力。

本书分上、下两篇。上篇为“课程指导”,是按《有机化学》教材的章节对本章的重点内容进行梳理、复习与练习,每章由“学习引导”“能力提升”“素养养成”和“拓展延伸”四部分组成。

1.〖学习引导〗通过“前置知识”“重点概览”和“难点释疑”三个环节,分别概括学习本章内容必备的基础知识,归纳本章需要掌握的重点知识、技能、素养,对个别难点问题进行深入的解释。

2.〖能力提升〗介绍化学在生产、生活中的应用实例和最新发展,展现化学对生产、生活的促进作用。通过案例分析培养学生的知识迁移能力和创新意识,提高学生发现、分析和解决问题的能力。

3.〖素养养成〗通过“强化基础”“实践探究”和“迁移应用”三个环节的训练,提升学生运用化学知识解决实际问题的能力。

4.〖拓展延伸〗介绍相关化学发展史、相关领域的新技术及其应用,以及涉及的环境、社会等问题,体现化学与科技进步、社会发展的密切关系,特别是相关领域的新技术、新工艺、新发展,拓展学生的知识面。

下篇为“问题解析”,针对学生容易混淆的概念与问题,以问答的形式就有机化学知识体系中的要点进行专题解析,并将相关知识点进行了横向的关联,使学生对有机化学原理和知识有更深刻、更全面的理解,能够综合运用相关知识、原理及技能解决工作、生活中的实际问题。

本书还设置了“水平检测”,分为“水平检测一·基础过关”“水平检测二·再上台阶”,可供学生自我检测整个课程的学习成效。

本书主要特点是:紧密结合《中等职业学校化学课程标准》(2020年版)的要求,在此基础上,结合“五年一贯制”专科高等职业教育的特点和不同职业对化学课程的要求,适当增加了教学内容和难度,以适应高等职业教育的教学要求;紧密结合食品、药品、化肥、农药、材料、环保等方面的案例，体现了化学与科技进步及行业发展的密切关系；紧密结合生活实际，让学生理解身边的化学现象，科学地认识化学给人类社会带来的巨大变化。书中列举的案例突出了一个“新”字，展现了相关领域的新技术、新工艺、新材料和新发展。练习题突出了趣味性和实用性。

本书由天津职业大学刘斌担任主编，负责本书的整体设计和最终统稿。陕西省石油化工学校刘晓山担任副主编，编写了第四章、第六章，并进行了本书的初步统稿。河南应用技术职业学院吴朝阳编写了第一章、第三章，天津市第一轻工业学校王丽编写了第二章、第九章，天津市第一商业学校赵建勋编写了第五章、第十章，南京卫生高等职业技术学校李炜琴编写了第七章、第八章。在本书编写过程中，天津职业大学李陇梅老师提供了宝贵的建议和意见，在此表示衷心的感谢！

本书配套数字化资源（含参考答案），请登录高等教育出版社新形态教材网（https://abooks.hep.com.cn）获取相关资源。详细使用方法见本书最后一页“郑重声明”下方的“学习卡账号使用说明”。

为了充分体现职业教育教材的特色，我们在本书的编排和写作上做了一些新的尝试，但鉴于编者对职业教育的理解及学术水平有限，难免有不当之处，敬请广大读者批评指正。读者意见反馈邮箱：zz_dzyj@pub.hep.cn。

编者

2024年12月

目录

上篇　课 程 指 导

下篇 问题解析

上篇　课程指导

第一章 有机化学概述

〖学习引导〗

一、前置知识

1. 物质是由分子、原子和离子等微观粒子构成的，分子是保持物质化学性质的最小粒子，在化学变化中可以再分；分子、原子不带电，离子带电，根据离子所带电荷的不同将离子分为阳离子和阴离子。

2. 原子由原子核和核外电子组成，原子核外的电子按照一定的规律排列，原子核外最外层的电子数目决定了元素的性质；原子核外最外层电子数小于 4 个的原子容易失去电子，原子核外最外层电子数大于 4 个的原子容易得到电子。碳原子核外最外层有 4 个电子，不容易失去电子也不容易得到电子。

3. 原子间通过化学键形成分子，化学键包括离子键和共价键；共价键是原子间通过共用电子对形成的化学键，共价键有方向性和饱和性；有机化合物中绝大多数化学键都是共价键。

二、重点概览

本章的重点是了解有机化学的起源和发展历史，以及有机化合物的组成、碳原子的成键特点，了解同分异构现象、共价键的属性和有机化合物的特性、分类、表示方式和反应类型。

1. 有机化学是研究有机化合物的一门学科。现代有机化合物的定义为“碳氢化合物及其衍生物”。

2. 由于结构上的特殊性，有机化合物具有可燃、熔点低、难溶于水、不导电、反应慢、产物复杂、分子结构复杂、同分异构体多等特点。

3. 决定有机化合物性质的原子、原子团通常称为官能团。根据官能团的不同可以将有机化合物分为不同的类别。

4. 有机化合物的结构特点是绝大多数有机化合物均以共价键的形式结合而成。碳原子为四价，可以形成碳碳单键、双键、三键，碳原子之间相连可以形成链状或环状化合物。

5. 由于有机化合物中普遍存在同分异构现象，有机化合物必须用结构式、结构简式或键线式来表示。在书写最常用的结构简式时，碳原子与碳原子之间的短线可以写也可以不写，碳原子与除氢原子外的其他原子之间的短线一般要写。

6. 有机化学反应从反应历程上可分为亲电反应和亲核反应，从反应形式上可分为取代反应、加成反应、聚合反应、消除反应和重排反应。

三、难点释疑

如何学好有机化学？

化学特别是有机化学与生产、生活密切相关，可以说人们每天的衣食住行都离不开有机化合物，以后的工作中也会经常遇到有机化合物。要学好有机化学必须掌握正确的学习方法。

（1）要善于归纳总结，包括进行每章、每个单元的阶段小结以及专题性小结，如有机化合物的命名、同分异构、氧化还原等。通过小结，将所学内容有机地联系起来，突出重点内容。通过归纳将众多的有机反应、化学性质等总结成几条线或几张表，你会发现原来厚厚的一本教材可以变得很薄。

（2）要善于思索，善于总结规律。有机化学的规律性很强，命名方法、物理性质、各类重要化学反应等都有其内在的规律。只有理解了这些规律，才能熟悉它、掌握它，才能进行逻辑推理，举一反三。

（3）要上好每一节化学实验课。化学实验是化学赖以生存和发展的基础，所以，要想学好有机化学必须重视化学实验，它同样也是获取化学知识的重要方法和途径。

（4）要多做练习。要善于运用所学的有机化学知识，掌握正确的解题方法和技巧，包括命名较复杂的有机化合物、预测反应的产物、比较活性、分析鉴别、有机合成等。

（5）要注意观察。人们每天接触的物质许多是有机化合物，要学会用所学的知识去分析和理解身边发生的化学变化，解决身边的问题，做到理论联系实际。

〖能力提升〗

1. 有机化学在食品领域中的应用

有机化学与人们的生活息息相关，食品领域的食品加工、运输、保鲜等各个方面都会经常用到有机化学的相关知识，这是有机化学在生活的重要应用之一。例如，为了便于保存，保持或提高食品的营养价值，食品添加剂应运而生。根据成分不同，可将食品添加剂分为漂白剂、膨松剂、酶制剂、防腐剂等。漂白剂可破坏、抑制食品的发色因素，通过氧化反应，达到漂白的目的；膨松剂中常用的是酵母，酵母是活性微生物，对人体没有危害，发酵的过程是化学变化，发酵也是制作面点的常用方法；酶制剂具有生物催化能力，酶的化学本质是蛋白质或 RNA（核糖核酸），经过提纯、加工后，可催化食品加工过程中的各种化学反应，加速食品加工过程和提高食品的产品质量；防腐剂中常用的是山梨酸钾（$C_6H_7KO_2$），它是以山梨酸（$C_6H_8O_2$）和碳酸钾（K_2CO_3）为原料制备的，可以实现高效安全的防腐保鲜，延长食品保存期，适量使用对人体无害。

2. 有机化学在环境领域中的应用

白色污染、废物处理、能源生产与利用过程中的污染物排放是长期存在的环境问题，酸雨、汽车尾气、有机氯农药等也都不同程度地影响着环境。有机化学在环境领域的应用，可以在一定程度上减少对环境的污染和破坏，起到环境保护的作用。例如，在污水处理中经常用到 Fenton 试剂。Fenton 试剂是用 Fe_2SO_4 和 H_2O_2 混合构成的氧化体系，可以氧化多种有机化合物，在处理难降解的有机污染物时具有独特的优势。

3. 医药领域的有机化学

目前，随着有机化学和医学的高速发展，有机化学被应用到了药物研究领域，如高分子药物可以在长时间内缓慢而有效地释放有效成分，具有高效、低毒、靶向、缓释等特点。能够治疗疟疾的青蒿素（$C_{15}H_{22}O_5$）也是一种有机化合物。我国科学家屠呦呦对青蒿素的化学结构进行了改造，在青蒿素的碳氧双键上加上不同基团，人工合成了二氢青蒿素、蒿甲醚和青蒿琥酯等衍生物。凭借青蒿素的研究成果以及对于人类抗疟所做出的重大贡献，屠呦呦荣获了 2015 年诺贝尔生理学或医学奖。

4. 材料领域的有机化学

有机高分子材料在人们的生活中不可或缺。塑料、合成橡胶、合成纤维、薄膜、胶黏剂和涂料等都是有机化学在材料领域的应用，它们的工艺较为成熟，用途较为广泛。其中，塑料、合成橡胶和合成纤维被称为现代高分子三大合成材料。塑料是以单体为原料，经过化学手段进行人工合成，通过加聚或缩聚反应聚合而成的高分子化合物，塑料制品在人们的日常生活中比比皆是，常用的塑料有聚乙烯[$(C_2H_4)_n$]、聚丙烯[$(C_3H_6)_n$]、聚氯乙烯[$(CH_2CHCl)_n$]、聚苯乙烯[$(C_8H_8)_n$]。橡胶是可发生可逆形变的高弹性聚合物材料，合成橡胶由各种单体经聚合反应而得，广泛用于制造轮胎、胶管、胶带、电缆等。合成纤维是经过化学处理加工而制成的纤维，是用石油、煤、天然气、石灰石或农副产品等合成高分子化合物为原料加工提炼出的有机物质，如聚酯纤维（涤纶）、聚酰胺纤维（锦纶或尼龙）、聚丙烯腈纤维（腈纶）等。

〖素养养成〗

一、强化基础

（一）填空题

1. 羊毛、棉布都含有有机化合物，在空气中点燃会烧焦，这说明有机化合物在组成上的共同特点是都含有______。

2. 绝大多数有机化合物容易燃烧，但________是一种灭火剂。

3. 有机化合物中化学键的主要类型是________。

4. 在物质的分子中，能决定一类化合物的主要化学特性的______________称为官能团。

5. 根据有机化合物分子中碳原子的连接方式不同，有机化合物可分为____________________和________________。

6. 化工厂附近严禁火种，这是因为化工厂内绝大多数的有机化合物容易________。

7. 衣服上沾有动、植物油污，通过水洗很难清除掉，但可用汽油洗去，这是因为大多数有机化合物难溶于________，易溶于________。

8. 多数有机化合物不溶于水，但是________和________可以与水以任意比例混溶。

9. 有机化合物根据碳链骨架不同可分为________、________、________。

10. 键的断裂主要有________和________两种方式。

11. 同分异构现象是有机化合物中常见的现象，这些异构体具有________、__________的特点。

12. 碳碳双键中含________个 π 键。

13. 有机化合物是由________组成的化合物。

14. 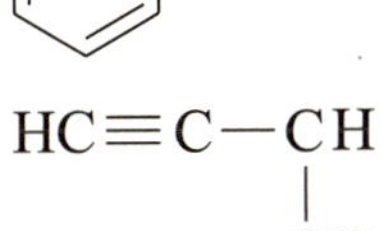，此化合物的名称是________。

15. $HC \equiv C-\underset{\underset{CH_3}{|}}{CH}-CH_2-CH_3$，此化合物的名称是________。

16. 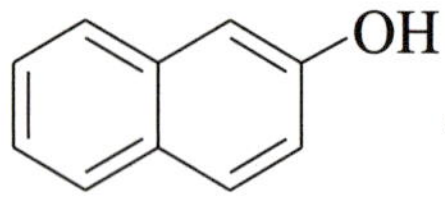，此化合物的名称是________。

17. 碳原子经 sp^2 杂化后的空间构型是________。

18. 碳原子经 sp^3 杂化后杂化轨道的数目是________。

19. 乙炔分子中碳原子经 sp 杂化后，空间构型是________。

20. 醛、酮的羰基碳为 sp^2 杂化，羰基碳氧双键由________键和________键组成。

（二）选择题

1. 下面列举的是某种化合物的组成或性质，能说明该物质肯定是有机化合物的是（　　）。

A. 仅由碳、氢两种元素组成

B. 含有碳、氢两种元素

C. 在氧气中能燃烧，且生成一氧化碳

D. 熔点低且不溶于水

2. 下列物质中，属于有机化合物的一组是（　　）。

A. CaO、H_2SO_4、$NaOH$、Na_2SiO_3　　B. CO_2、H_2CO_3、$NaHCO_3$

C. CH_4、C_2H_2、$CO(NH_2)_2$、CH_3COOH　　D. HNO_3、$CaCO_3$、C_2H_4

3. 下列物质中不属于有机化合物的是（　　）。

A. 四氯化碳　　B. 酒精　　C. 碳化硅　　D. 尿素

4. 下列说法正确的是（　　）。

A. 有机化合物都是从有机体中分离出来的物质

B. 有机化合物都是共价化合物

C. 有机化合物不一定都难溶于水

D. 有机化合物不具备无机物的性质

5. 下列说法中，不属于有机化合物的特点的是（　　）。

A. 绝大多数有机化合物受热易分解，容易燃烧

B. 绝大多数有机化合物熔点、沸点低

C. 大多数有机化合物难溶于水和汽油、酒精等有机溶剂

D. 大多数有机化合物是非电解质，不易导电

6. 下列不属于官能团的是（　　）。

A. —OH　　B. $\gt C{=}C\lt$　　C. $-C{\equiv}C-$　　D. C_2O_3

7. 下列不是一般有机化合物所共有的性质的是（　　）。

A. 共价性　　B. 易燃性

C. 热稳定性差　　D. 在水中的溶解性差

8. 有机化合物分子中存在的化学键主要是(　　)。

A. 共价键　　B. 离子键　　C. 金属键　　D. 共价键和离子键

9. 下列表示丙基的是(　　)。

A. $CH_3CH_2CH_3$　　B. $CH_3CH_2CH_2$—　　C. —$CH_2CH_2CH_2$—　　D. $(CH_3)_2CH$—

10. 下列不是有机化合物的是(　　)。

A. 脂肪　　B. CH_4　　C. CO_2　　D. C_2H_6

11. 下列关于同分异构体的说法,正确的是(　　)。

① 具有相同的分子量;② 具有相同的分子式;③ 具有相同的最简式;④ 具有相同的物理性质;⑤ 具有相同的化学性质

A. ①②③　　B. ①②④　　C. ①②⑤　　D. ②③⑤

12. 下列化合物中的碳为 sp^3 杂化的是(　　)。

A. 乙烷　　B. 乙烯　　C. 乙炔　　D. 苯

13. 下列物质按碳架不同分类属于脂环族化合物的是(　　)。

A. 苯　　B. $CH_2{=}CHCH_3$　　C. 呋喃　　D. 环己烷

14. 有机化合物的种类比无机物多的原因是(　　)。

A. 碳原子活性较大

B. 地壳中碳原子含量较高

C. 碳原子可以和许多原子结合,结合方式多种多样;还存在同分异构现象

D. 碳原子可以和所有原子结合

15. 石油燃烧会产生污染物质,主要原因是石油中含少量的(　　)。

A. 碳　　B. 氢　　C. 氧　　D. 硫、氮

16. 构成有机化合物的主要化学键是(　　)。

A. 离子键　　B. 共价键　　C. 金属键　　D. 分子间力

17. 有机化合物的性质特点主要有(　　)。(多选)

A. 易燃烧　　B. 熔、沸点低

C. 易溶于有机溶剂,不易溶于水　　D. 反应速率慢,副反应多

18. 组成有机化合物的元素主要有(　　)。(多选)

A. 碳　　B. 氢　　C. 氧　　D. 卤素、氮、硫等

19. 乳酸分子含有的官能团是(　　)。(多选)

A. —OH　　B. —COOH　　C. —CHO　　D. —CO—

20. 有机化合物的主要天然来源有(　　)。(多选)

A. 天然气　　B. 石油　　C. 煤　　D. 农副产品

（三）判断题

1. 碳酸盐属于无机物。(　　)

2. 含碳的化合物全部都是有机化合物。(　　)

3. 有机化合物通常是指“含碳化合物”。(　　)

4. 日常所用的燃油、添加剂、防冻剂和润滑剂都是有机化合物。(　　)

5. 甲烷的电子式为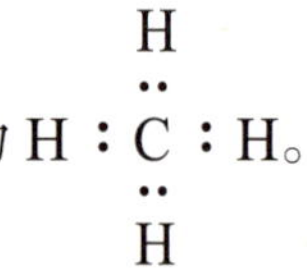。(　　)

6. 甲烷为平面正方形结构，其结构式为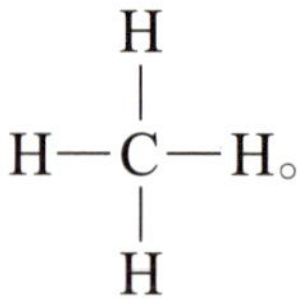。(　　)

7. 烷烃的结构特点是碳原子之间通过单键结合，剩余价键均与氢原子结合。(　　)

8. 有机化合物种类繁多的主要原因是有机化合物的分子结构十分复杂。(　　)

9. 有机化合物分子中的碳原子与其他原子的结合方式是形成四对共用电子对。(　　)

10. 有机化合物中，每个碳原子都与其他原子形成 4 个共价键。(　　)

11. 所有有机化合物的反应速率都很慢。(　　)

12. 所有有机化合物的反应速率都很快。(　　)

13. 有机化合物熔、沸点低的原因是有机化合物分子是共价键构成的分子，分子间通过范德华力结合，破坏此结构需要的能量低。(　　)

14. 有机化学反应式不用“ $=\!=$ ”，而用“$\longrightarrow$”表示。(　　)

15. 葡萄糖易溶于水，所以它是无机物。(　　)

16. 大多数有机化合物受热容易分解。(　　)

17. 乙醇和四氯化碳都是有机化合物，它们都容易燃烧。(　　)

18. 由于羧酸分子间可以形成两个 H 键，所以羧酸具有较高的沸点。(　　)

（四）名词解释

1. 同分异构现象

2. 共价键键长

3. 键角

4. 键能

5. 同分异构体

6. 共价键均裂

7. 共价键异裂
8. 取代反应
9. 加成反应
10. 聚合反应

（五）简答题

1. 写出甲烷的电子式。
2. 从化学键的形成角度来看，甲烷属于什么化合物？
3. 简述碳原子的成键特点。
4. 简述碳原子的成键数目。
5. 简述开链化合物的特点。
6. 碳环化合物按照什么来分类？分为哪几类？
7. 简述有机化合物的特性。
8. 简述碳原子的连接形式。
9. 共轭效应分为哪两类？
10. 共轭效应与诱导效应有什么不同？

二、实践探究

1. 有机化合物与人类生活息息相关，作为主要营养物质的糖类、脂肪、蛋白质都是典型的有机化合物。请查阅材料，总结食物中还含有哪些有机化合物。

2. 现在人们特别注意个人卫生，身上随时带着消毒纸巾。请查阅资料，了解消毒纸巾的消毒原理。

三、迁移应用

通过查阅书籍及药物的说明书，写出一些常用药物的结构简式，分析它们都包含什么官能团，并思考：组成官能团的原子是如何成键的？是 σ 键还是 π 键？键的极性如何？

〖拓展延伸〗

有机化学的发展历史

有机化合物简称为有机物，最初是指从动物和植物等有机体中得到的物质，如糖、醋、酒精等。人类很早就开始利用有机物了，例如，古代西方人通过饮用柳树皮泡过的水来止痛，当时他们并不知道这样做的科学道理，不知道柳树皮中含有乙酰水杨酸，也就是阿司匹林，但发现它有很好的止痛效果。中国使用有机物的历史同样非常悠久。例如，河南舞阳贾湖遗址出土的陶罐碎片上就发现了酒的痕迹。周代的制酒、制醋、制颜料，汉代造纸等都是使用有机物的实例。当然，那时候的有机物都不是纯物质，比如酒并非纯乙醇，醋也并非纯醋酸。人们对纯有机物的认识和获得是从 16 世纪开始的，最早获得的是纯有机酸，如从葡萄汁中提取了纯酒石酸，从柠檬汁中提取了纯柠檬酸，从酸牛奶中提取了纯乳酸等。16 世纪末到 17 世纪初，当时的科学家从尿液中分离了尿素，从罂粟中分离出第一个生物碱——吗啡。

当时只有“化学”，并没有“有机化学”的说法。但有了如此丰富的成果后，科学家们发现有机物和无机物在组成和性质上都有很大的不同，因此产生了把有机物和无机物区分开的需求。瑞典科学家贝采利乌斯在 1806 年率先使用了“有机化学”这个名称，从此有机化学成为一门相对独立的学科，并在后来的岁月中得到了快速的发展。尽管贝采利乌斯对有机化学的诞生有着不可或缺的贡献，但他坚持认为有机物不能人工合成，无机物也不可能转化成有机物，有机物只能在生物的细胞中受到“生命力”的作用才能产生出来，这就是著名的“生命力”学说。正是这个“生命力”学说，最初严重地阻碍了有机化学的发展。对“生命力”学说提出挑战并最终证伪的是贝采利乌斯的学生——德国科学家魏勒。1828 年，年仅 28 岁的魏勒将无机物氰酸银液体和另一种无机物氯化铵液体混合，反应后生成了固态的氯化银和液态的氰酸铵。为了提纯氰酸铵，他将固态氯化银滤出，然后将氰酸铵液体加热使水蒸发，结果意外地发现当水全部蒸发后剩下的固态物质并不是氰酸铵，而是尿素！尿素是一种不折不扣的有机物！魏勒竟然通过无机物制备出了有机物！魏勒的这一意外发现在当时并未引起广泛的重视，包括魏勒本人都没有因此对“生命力”学说提出疑问。直到 10 多年以后更多的有机物被合成出来，“生命力”学说才被彻底否定，有机化学从此走上了更加快速的发展道路。

尽管魏勒的试验在当时并没有直接推翻“生命力”学说，但在有机化学发展史上仍然具有里程碑意义。首先，它证明了有机物可以通过无机物制备，从而动摇了“生命力”学说的基础。其次，试验结果揭示了“同分异构”现象的存在，也就是分子式相同的化合物可以具有不同的结构，从而表现出不同性质。换句话说就是：相同的化学成分，可以组成性质不同的化合物。

尽管“生命力”学说被证伪，但贝采利乌斯对现代化学的卓越贡献毋庸置疑。他发现了硒、铈、钍三种元素；创造了一套用拉丁字母表示的元素符号；确定了很多化合物的分子式和分子量；发明了三张原子量表；创立了电化二元论学说；除了率先提出“同分异构”这一崭新的化学概念外，他还率先提出了催化剂的概念。

第二章

开链烃及卤代烃

〖学习引导〗

一、前置知识

1. 有机化合物指碳氢化合物及其衍生物，简称有机物；研究有机化合物的结构、性质、合成方法、应用，以及它们之间的相互转变和内在联系的化学称为有机化学。

2. 碳原子与氢、氧、氮、硫、卤素及另一碳原子以共价键相连；碳原子之间既可以碳碳单键相连，也可以碳碳双键或碳碳三键相连；既可以形成直链的骨架结构，也可以形成支链或环状的骨架结构。

3. 官能团是指能决定化合物特性的原子或原子团；根据官能团的不同，有机化合物可以分为烯、炔、醇、酚、醚、醛、酮、羧酸、胺等。

4. 有机化合物具有以下特性：容易燃烧，熔点较低，一般难溶于水而易溶于有机溶剂，一般不导电，反应速率慢，结构复杂、种类繁多。

5. 由于有机化合物中原子的连接顺序或成键方式不同，有机化合物普遍存在同分异构现象。同分异构体的存在是造成有机化合物数目庞大的原因之一。

6. 根据反应形式不同，有机化学反应可分为取代反应、加成反应、聚合反应和消除反应。

二、重点概览

1. 有机化合物中具有脂肪族化合物基本属性的碳氢化合物称为脂肪烃；根据烃中碳链结合的方式不同，可将烃分为开链烃（简称链烃）和环烃；链烃分子中碳原子相互连接的方式有 3 种：碳碳单键（$-\overset{|}{\underset{|}{C}}-\overset{|}{\underset{|}{C}}-$）、碳碳双键（$\gt C=C\lt$）和碳碳三键（$-C\equiv C-$），据此，链

烃又可分为烷烃、烯烃和炔烃。

2. 甲烷的分子式为 CH_4,分子的空间构型为正四面体,碳原子位于正四面体的中心,四个氢原子分别位于正四面体的四个顶点上,键角为 109°28′,碳原子采用了 sp^3 杂化成键;烷烃的通式为 C_nH_{2n+2};烯烃分子的官能团为碳碳双键(>C=C<),通式为 C_nH_{2n}($n \geqslant 2$),碳碳双键中的碳原子采取了 sp^2 杂化成键,乙烯分子具有平面结构;炔烃分子的官能团为碳碳三键(—C≡C—),通式为 C_nH_{2n-2}($n \geqslant 2$),碳碳三键中的碳原子采取了 sp 杂化成键,乙炔分子为直线型结构。

3. 通式相同、结构相似、组成上相差一个或几个—CH_2—的一系列化合物称为同系列化合物,同系列的化合物之间互称为同系物,相差的—CH_2—称为同系差;分子式相同但结构不同的物质互称为同分异构体,随着碳原子数的增多,同分异构体的数目也迅速增加;因分子中碳链骨架的连接方式不同而产生的异构现象称为碳链异构。

4. 碳原子在碳链中所处的环境并不完全相同,分为 4 类:① 伯碳原子:与 1 个其他碳原子相连的碳原子(或称一级碳原子);② 仲碳原子:与 2 个其他碳原子相连的碳原子(或称二级碳原子);③ 叔碳原子:与 3 个其他碳原子相连的碳原子(或称三级碳原子);④ 季碳原子:与 4 个其他碳原子相连的碳原子(或称四级碳原子)。

5. 烷烃的系统命名法的原则:① 选主链:选择分子中最长的碳链作为主链;② 编号:把支链作为取代基,从靠取代基近的一端开始依次编号;③ 命名:根据主链上碳原子的总数,称为某烷,支链上的取代基的名称写在某烷的前面,取代基的位次与名称之间用短线隔开;烯烃和炔烃的命名要选择含有双键或三键的最长碳链为主链,从靠近双键或三键的一端开始编号,命名时标出双键或三键的位置。

6. 烷烃分子中不存在官能团,性质稳定,能够发生氧化反应、氢原子被卤素原子取代的卤代反应;烯烃和炔烃都含有容易断裂的 π 键,化学性质比烷烃活泼,易于发生加成反应、氧化反应和聚合反应;不饱和烃能使溴的四氯化碳溶液和酸性高锰酸钾溶液褪色,可用于烯烃和炔烃的鉴别。

7. 烃分子中的氢原子可以被其他原子或原子团所取代,产物称为烃的衍生物,因此常将烃称为有机化合物的母体。烃分子中的一个或多个氢原子被卤素原子取代后生成的化合物称为卤代烃。卤代烃的通式为 R—X,官能团是—X。卤代烃是以烃为母体,以卤原子为取代基而进行命名的。卤代烃的化学性质比相应的烃活泼,原因是 C—X 键是极性键,更容易断裂,易发生取代反应和消除反应。

三、难点释疑

1. 烷烃分子结构的表示方式有哪些？怎样表示烷烃分子的立体结构？

如果不考虑烷烃分子的空间形状，常用平面结构式来表示烷烃分子的结构，这种化学式只是表示了某一烷烃分子中各原子之间的连接顺序和方式，并不是它真实的结构，一般将其称为构造式。例如，正戊烷分子常见的构造式有如下三种：

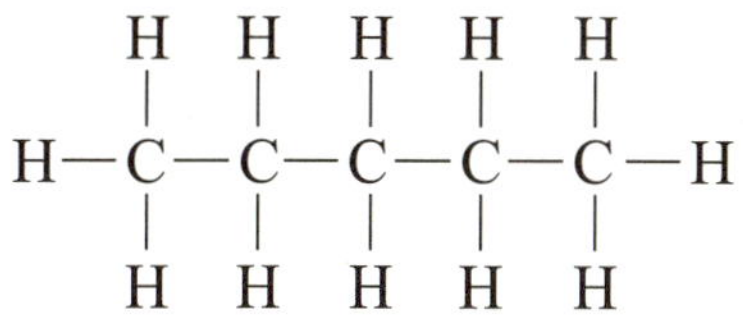

结构式

$CH_3(CH_2)_3CH_3$　　$CH_3CH_2CH_2CH_2CH_3$

结构简式

键线式

由于构造式只表示了烷烃分子中各原子之间的连接顺序和方式，所以下面的 5 个构造式均表示 2–甲基戊烷。而且除此之外，还可以写出许多形式不同的 2–甲基戊烷的构造式。

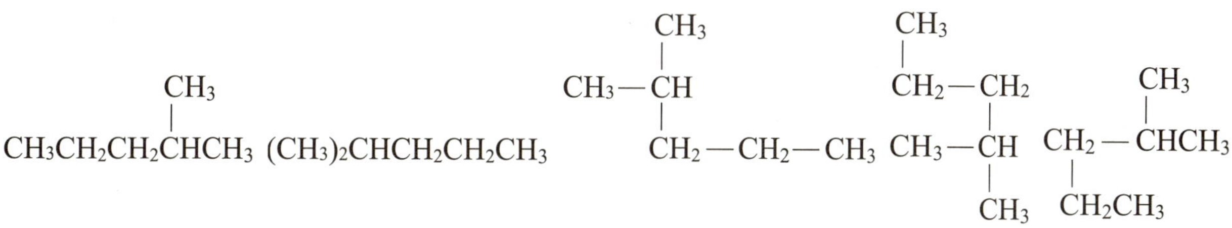

烷烃中的碳原子均为 sp^3 杂化成键，其空间形状为正四面体，4 个 sp^3 杂化轨道指向正四面体的 4 个顶角，2 个相邻轨道的对称轴夹角为 109°28′。所以烷烃分子具有三维立体结构，如甲烷的分子形状是正四面体。因此，平面结构式并不能真实表示烷烃分子的立体结构，表示一个分子的立体结构要用楔线式。例如，甲烷分子的立体结构可表示为：

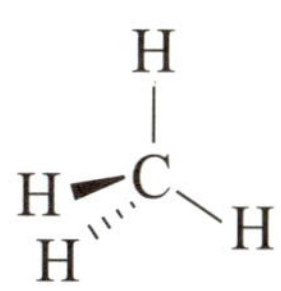

在这种立体结构中，细的实线“—”表示该条化学键位于纸平面上，楔形实线“◀”表示该键在纸平面前方，楔形虚线“⋯”表示该键在纸平面后方。

2. 不饱和链烃的命名方法与烷烃相似。但由于双键或三键的存在，不饱和链烃的命名比烷烃要稍复杂一些。其命名原则如下：① 选主链：选择含有双键或三键的最长碳链为“主链”，称为“某烯”或“某炔”。当主链碳原子数大于 10 时加“碳”字，称“碳烯”或“碳炔”。② 编号：从靠近双键（或三键）的一端，给主链碳原子依次编号，双键（或三键）的编号位次用1、2、3……写在某烯（或某炔）的前面，中间用短线隔开。若双键（或三键）处在正中间，则从靠近取代基的一端开始编号。③ 命名：将取代基位置、数目和名称按简单到复杂的顺序依次写在烯（或炔）的前面。

3. 烷、烯的组成、结构有哪些特点？

物质的分子结构决定了物质的化学性质，烷、烯的微观组成和结构各不相同，因此宏观性质也不同。

甲烷分子的碳原子采用 sp^3 杂化成键，杂化形成的4个能量相同的杂化轨道上的每一个电子都与氢原子的1个电子单独成键，形成4个完全相同的C—H单键，这种单键称为 σ 键。在空间结构上，以碳原子为中心，4个C—H键尽可能相互远离，构成甲烷分子。

乙烯分子的碳碳双键中的碳原子采取了 sp^2 杂化成键，每个碳原子只能与两个氢原子分别相连，所有的原子均在同一平面上，形成一个平面对称的结构。π 键的侧面重叠使 π 键不能像 σ 键一样自由旋转，并且由于其重叠的程度较小，因而没有 σ 键稳定，较易断裂，这是烯烃的化学性质比烷烃活泼的重要原因。

4. 烷烃的取代反应为什么在光照条件下才能进行？

烷烃的化学性质稳定，其主要化学反应有氧化反应和取代反应。取代反应是烷烃的重要反应类型。室温下，将氯气与甲烷混合后在黑暗中放置相当长的时间都不会发生反应，但将这种混合气体放在光亮的地方，反应即可发生。其原因是在光的催化下，甲烷中的氢原子会逐步被氯原子取代，生成相应的氯代甲烷。氢原子被卤素原子取代的反应称为卤代反应。

5. 为什么烯烃和炔烃反应活性比烷烃强？

由于烯烃和炔烃中的官能团碳碳双键和碳碳三键中含有稳定性差、易断裂的 π 键，因此烯烃和炔烃的化学性质均比烷烃活泼，能发生加成、氧化、聚合反应。① 加成反应：有机物分子不饱和键的 π 键断裂，加入其他原子或基团的反应称为加成反应，加成产物中不稳定的 π 键转变成稳定的 σ 键。加成反应包括催化加氢、加卤素、与卤化氢的加成、与水的加成。② 氧化反应：不饱和烃能在空气中燃烧，完全氧化生成二氧化碳和水，同时放出大量的热。③ 聚合反应：不饱和烃在一定条件下，能自相发生加成反应，所生成的分子量很大的有机化合物又称高分子化合物。此外，炔烃中直接和三键碳原子相连的氢原子受三键的影响，具有一定的活泼性，很容易被金属原子取代生成金属炔化物。

6. 卤代烃的反应活性主要体现在哪些方面？

卤代烃的化学性质比相应的烃活泼，主要体现在由于卤素原子的存在，碳原子与卤素原子形成共价键时电子对偏移，C—X键极性较大，比C—C键容易断裂，故易发生取代反应和消除反应。① 取代反应：在与强碱水溶液共热的条件下，一卤代烷中的卤原子能被—OH（羟基）取代，生成相应的醇。向反应后的溶液中加入硝酸银溶液，会有氯化银白色沉淀生成，据此可鉴别卤代烃与烃。② 消除反应：当卤代烷与强碱（NaOH、KOH）的醇溶液共热时，反应产物不是醇，而是相应的烯烃，这是由于卤原子与相邻碳原子上的氢原子一起脱去后生成了碳碳双键，产物为烯烃。像这种有机化合物分子中脱去一个小分子而生成不饱和化合物的反应称为消除反应。

〖能力提升〗

1. 沼气是有机化合物在厌氧条件下，经过微生物的发酵作用而生成的混合气体，其主要成分是甲烷。沼气具有可燃性，我国的沼气池最初主要为农村家用沼气池，沼气池产生的沼气用于农村家庭的炊事，并逐渐发展到用于照明和取暖。过去，在农业废弃物丰富、畜禽养殖业发达的地区，沼气池的建设和使用得到了大力扶持和推广。那么沼气是如何产生的呢?

主要是将农业产生的有机废弃物通过厌氧发酵转化为沼气。厌氧发酵是一种生物化学过程，在适宜的温度和湿度条件下，有机物被微生物分解为甲烷和二氧化碳等气体。农村沼气生产的主要原料包括畜禽粪便、农作物秸秆和有机废水等。

随着社会的发展，电和天然气已成为我国农村居民使用的主要能源，沼气则逐步退出了历史舞台。

2. 运动员肌肉组织挫伤或拉伤时，将氯乙烷喷射在伤处使皮下毛细血管收缩，起到止血、止疼作用。氯乙烷在其他领域也有很重要的用途，主要包括以下方面。

（1）制冷剂。氯乙烷在制冷行业中被用作制冷剂，主要分为氯乙烷制冷剂和混合制冷剂。氯乙烷制冷剂具有较高的临界温度和压力，可在较宽的温度范围内进行制冷，但氯乙烷制冷剂易燃、易爆，且具有刺激性气味，使用时需谨慎。混合制冷剂则是由氯乙烷与其他物质混合而制成的，具有更好的制冷效果和更低的价格。

（2）麻醉剂。氯乙烷在医学上常被用作麻醉剂，主要分为吸入式麻醉剂和静脉注射式麻醉剂。使用吸入式麻醉剂是通过让患者吸入氯乙烷蒸气进行麻醉，这样可有效减轻疼痛和焦虑，但使用吸入式麻醉剂需严格控制浓度，避免出现呼吸抑制和窒息。使用静脉注射式麻醉剂则是通过静脉注射氯乙烷溶液进行麻醉，这种方式具有快速起效的优点。

（3）农药。氯乙烷可用于生产多种农药，如除草剂、杀虫剂、杀菌剂等。其中，氯乙烷作除草剂具有高效、低毒、残留期短等优点，对于防治杂草有良好效果。氯乙烷还可与其他物质反应制成杀虫剂、杀菌剂等，应用较为广泛。然而，氯乙烷农药对环境和人体健康有一定影响，使用时需谨慎。

（4）清洗剂。氯乙烷可被用作清洗剂，主要分为溶剂清洗剂和表面活性剂。溶剂清洗剂可溶解各种油脂和污垢，具有高效、快速、易干燥的特点，但长期使用可引起皮肤干燥、粗糙等问题。表面活性剂则是一种具有亲水亲油双重性质的清洗剂，可有效去除各种油污和杂质，且不会损伤基材。

（5）燃料。氯乙烷可用于生产生物燃料，如生物柴油、生物乙醇等。其中，生物柴油是以动植物油脂为原料生产的燃料，具有环保、可再生等优点。而生物乙醇则是以粮食或纤维素为原料生产的可再生燃料，可与汽油按一定比例混合使用。此外，氯乙烷还可作为某些燃料的添加剂，以提高燃料的燃烧性能并减少污染物排放。

（6）膨胀剂。氯乙烷可用于生产多种膨胀剂，如发泡剂、增稠剂、防水剂等。发泡剂可产生大量泡沫，常用于保温、隔音、防震等方面；增稠剂可增加溶液的黏稠度，用于调节液体的流变性；防水剂可提高材料的防水性能，防止水分渗透。

总之，氯乙烷作为一种重要的有机化合物，在制冷、麻醉、农药、清洗、燃料、聚合物和膨胀剂等领域中均具有广泛的应用，但在使用氯乙烷及其制品时需要关注安全和环保问题。

〖素养养成〗

一、强化基础

（一）填空题

1. 甲烷的分子式为 ________，每个碳氢键的键角为 ________°28′。

2. 分子中含有碳碳双键的烃称为 ________，分子中含有碳碳三键的烃称为 ________，它们统称为 ________。

3. 丙烯（$CH_3CH=CH_2$）、1-丁烯（$CH_3CH_2CH=CH_2$）和 1-戊烯（$CH_3CH_2CH_2CH=CH_2$）互称为 ________，烯烃的通式是 ________。

4. 乙炔的分子式是 ________，结构式是 ________。

5. 烃中的氢原子被卤素原子取代后，生成的化合物称为 _______，卤代烃中含有的元素有 ____ 和 ____，不一定含有 ____。

6. 卤代烃的化学性质比相应的烃活泼，原因是 C—X 键是极性键，比 C—C 键容易断裂，故易发生 ________ 和 ________。

7. 丁烷有 _______ 种同分异构体，普通命名为 ________ 和 ________。

8. 根据卤代烃分子中烃基结构不同，可将卤代烃分为 ____________、____________ 和 ____________。

9. 烷烃分子中的氢原子被卤原子取代后生成的产物称为 ____________。

10. 分子量为 72 的烷烃，其分子式是 ______________。

11. 烷烃的物理性质一般随分子中 ______ 数的递增而发生有规律性的变化，如常温下它们的状态是由 ______ 态到 ______ 态再到 ______ 态，沸点逐渐 ______，液态时的密度逐渐 ______，但都 ______ 水的密度。

12. 卤代烃中常用作灭火剂的是 _____，目前常用作电冰箱和空调制冷剂的是 ______。

13. 常用作烯烃催化加氢反应的催化剂有 ______、钯、________。

14. 烯烃使酸性高锰酸钾溶液褪色发生的反应是 __________ 反应，烯烃使溴水褪色发生的反应是 __________ 反应。

15. 丙烷和丁烷属于 ________，丁烷和 2–甲基丙烷属于 ________。（填“同分异构体”或“同系物”）

（二）选择题

1. 甲烷分子不是平面结构，是以碳原子为中心的（　　）结构。

A. 线型　　B. 正三棱锥　　C. 正四面体　　D. 正六面体

2. 下列叙述错误的是（　　）。

A. 点燃前甲烷不必验纯

B. 甲烷燃烧能放出大量的热，所以是一种很好的气体燃料

C. 煤矿的矿井要注意通风并严禁烟火，以防止爆炸事故的发生

D. 在空气中，将甲烷加热到 1 000 ℃以上，能分解成炭黑和氢气

3. 下列说法错误的是（　　）。

① 化学性质相似的有机物是同系物

② 在分子组成上相差一个或若干个 CH_2 原子团的有机物是同系物

③ 若烃中碳、氢元素的质量分数相同，则它们必定是同系物

④ 互为同分异构体的两种有机物的物理性质有差别，但化学性质必定相同

A. ①②③④　　B. ②③　　C. ③④　　D. ①②③

4. 下列化合物不属于烃的是（　　）。

A. C_2H_5OH　　B. CH_4　　C. $CH_2{=}CH_2$　　D. CH_3CH_3

5. 下列化合物属于烃类的是（　　）。

A. C_2H_5OH　　B. CH_2Cl_2　　C. $CH_2{=}CH_2$　　D. CO_2

6. 下列化合物属于烯烃的是（　　）。

A. CH_4　　B. $CH_3{-}CH_3$　　C. $CH_2{=}CH_2$　　D. $CH_3{-}CH_2{-}CH_3$

7. 下列化合物属于烷烃的是（　　）。

A. CH_4 B. $CH_2=CH_2$ C. CH_3OH D. C_2H_5OH

8. 烯烃的通式是(　　)。

A. C_nH_{2n+2} B. C_nH_{2n+1} C. C_nH_{2n} D. C_nH_{3n}

9. 乙烯分子中,两个 C 原子和 4 个 H 原子(　　)。

A. 位于正六面体结构上 B. 处于垂直关系

C. 位于同一平面内 D. 位于正四面体结构上

10. 烃类分子中若含有碳碳双键或碳碳三键,则这种烃类称为(　　)。

A. 烯烃 B. 炔烃 C. 烷烃 D. 不饱和烃

11. 足球场上的"化学医生"是(　　)。

A. 氯乙烷 B. 溴乙烷 C. 氯甲烷 D. 溴甲烷

12. 曾经主要用作冰箱制冷剂的氟利昂属于(　　)。

A. 烷烃 B. 烯烃 C. 卤代烃 D. 无机物

13. 卤代烃的水解反应产物是(　　)。

A. 烯烃 B. 烷烃 C. 醇 D. 醚

14. 氯仿是(　　)。

A. 一氯甲烷 B. 二氯甲烷 C. 三氯甲烷 D. 四氯化碳

15. 高温时会水解生成剧毒的光气,并由于这个原因,以其为主要成分的灭火器被禁止销售,这种物质是(　　)。

A. 一氯甲烷 B. 二氯甲烷 C. 三氯甲烷 D. 四氯化碳

16. 用于生产聚乙烯的原料是(　　)。

A. 乙烯 B. 氯乙烯 C. 乙炔 D. 氯乙炔

17. 号称"塑料王"的是(　　)。

A. 一氟乙烯 B. 二氟乙烯 C. 三氟乙烯 D. 四氟乙烯

18. 下列化合物属于卤代烷的是(　　)。

A. $CH_2=CHCl$ B. CH_3CH_2OH C. $CH_3CH_2CH_2CH_3$ D. $CH_3CH_2CH_2Cl$

19. $CH_3CH_2CH_2Br$ 用习惯命名法命名为(　　)。

A. 异丙基溴 B. 1-溴丙烷 C. 乙基溴 D. 正丙基溴

20. 下列物质中,不属于卤代烃的是(　　)。

A. 氯乙烯 B. 硝基苯 C. 溴苯 D. 三氯甲烷

21. 下列五种烃:① 2-甲基丁烷;② 2,2-二甲基丙烷;③ 戊烷;④ 丙烷;⑤ 丁烷。按它们的沸点由高到低的顺序排列正确的是(　　)。

A. ①②③④⑤ B. ②③④⑤①

C. ④⑤②①③ D. ③①②⑤④

22. 烷烃的系统命名分四个部分：① 主链名称；② 取代基名称；③ 取代基位置；④ 取代基数目。根据烷烃命名规则，这四部分的先后顺序为（　　）。

A. ①②③④　　B. ③④②①　　C. ③④①②　　D. ①③④②

（三）判断题

1. 不饱和烃包括烯烃和炔烃，它们的结构中含有 C═C 键或 C≡C 键。（　　）

2. 烯烃和炔烃都含有容易断裂的 π 键，化学性质比烷烃活泼，易于发生加成反应、氧化反应和聚合反应。（　　）

3. 不饱和烃能使溴的四氯化碳溶液和酸性高锰酸钾溶液褪色，可用于烯烃和炔烃的鉴别。（　　）

4. 用于生产聚乙烯的原料是乙烯。（　　）

5. 松节油不能使酸性高锰酸钾溶液和溴的四氯化碳溶液褪色。（　　）

6. 不对称烯烃与 HCl 进行加成反应，符合马尔科夫尼科夫规则。（　　）

7. 卤代烃可以看成烃中的氢原子被卤素原子取代后的产物，是烃的衍生物。（　　）

8. 卤代烃是以烃为母体，以卤原子为取代基而进行命名的。（　　）

9. 卤代烃的化学性质没有相应的烷烃活泼。（　　）

（四）名词解释

1. 烷烃

2. 不饱和链烃

3. 同系物

4. 同分异构体

（五）简答题

1. 在烷烃普通命名法中，分子中碳原子个数在 10 以内，分别如何命名？

2. 用系统命名法命名下列各化合物：

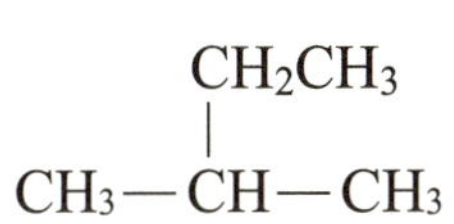
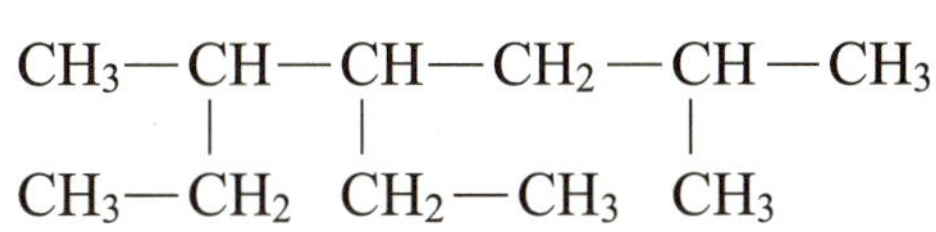
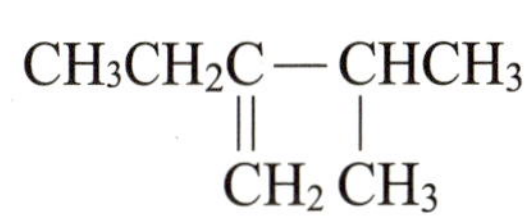

3. 根据名称写出下列有机化合物的构造式。

2，2–二甲基丙烷

2，2，3–三甲基丁烷

3–甲基–1–戊炔

4. 有机化合物中非常活泼且极易发生化学反应的原子或原子团通常称为什么？烯烃的官能团是什么？炔烃的官能团是什么？

5. 完成下列反应方程式。

（1）$$\begin{array}{l} CH_3-CH_2-\underset{\displaystyle CH_3}{\underset{|}{C}}=CH_2 + HCl \longrightarrow \end{array}$$

（2）写出乙烯与水的加成反应方程式。

二、实践探究

1. 烷烃主要来源于石油、天然气和煤的加工产物。其中，石油是极其重要的资源，素有“工业血液”之称。天然采集的石油是多种烃的混合物，通过工业分馏可得到不同沸点范围的产物。请简要说明烷烃的分子质量和熔点、沸点的关系，以及烷烃分子的化学性质。

2. 氧乙炔焊又称为气焊，是利用可燃气体与助燃气体混合燃烧生成的火焰所释放的大量热量作为热源，熔化焊件和焊接材料，使两者达到结合的一种焊接方法。氧乙炔焊的可燃气体主要是乙炔气，助燃气体是氧气，所使用的焊接材料主要有焊丝、气焊熔剂等。氧乙炔焊不需要通电，焊接过程中的氧气瓶和乙炔瓶可以移动。乙炔利用纯氧的助燃性质，能提高火焰温度，温度可达 3 000 ℃以上。与电弧焊相比，氧乙炔焊设备简单、操作方便、火焰易于控制、不需电源。氧乙炔焊主要应用于焊接厚度较小的低碳钢薄板及铸铁的焊补等，尤其适用于没有电源的场地。请写出乙炔的分子式和结构简式，并写出乙炔和氧气反应的化学方程式。

3. 烃类化合物广泛存在于自然界中，例如，天然气和沼气中含有的甲烷；可以催熟水果，促进香蕉、苹果、梨等成熟的乙烯；焊接时用的电石气及生活中使用的蜡烛；医学中常用作缓泻剂的液体石蜡及各种软膏基质的凡士林等。请查阅资料，总结在生产、生活中用到的烃类化合物。

三、迁移应用

1. 焊接工人在进行金属焊接和切割作业时，其设备包括一个白色钢瓶，他还会手持或头戴一个带有黑玻璃的电焊面罩。请查阅资料，分析这是为什么。

2. 烷烃分子中的各个碳原子均为饱和碳原子，在有机化学中根据与它直接相连的其他碳原子的数目不同，分为伯、仲、叔、季 4 种碳原子，碳原子上所连的氢原子相应地称为伯氢、仲氢和叔氢。请在学习各类有机化合物性质时，结合不同物质的化学反应活性，体会为什么烷烃分子中的碳原子要分成几种类型。

〖拓展延伸〗

“西气东输”工程

改革开放以来，我国能源需求量大幅增加，能源产业迅速发展，但能源结构不够合理，煤炭能源在一次能源生产和消费中的比重过高。燃煤的大范围使用，造成了环境污染。因此，发展清洁能源、调整能源布局迫在眉睫。

我国西部地区的塔里木盆地、柴达木盆地、陕甘宁地区和四川盆地蕴藏着丰富的天然气资源和石油资源。我国距离最长、口径最大的输气管道，西起塔里木盆地的轮南，东至上海，即“西气东输”工程。“西气东输”是横贯我国大江南北的一项能源工程，累计向长三角地区输送天然气突破 5 000 亿立方米，折合替代标煤 6.45 亿吨，可减少排放二氧化硫 1 272 万吨、粉尘 3.62 亿吨、二氧化碳 7.31 亿吨，相当于种植阔叶林 22 亿公顷，对改善能源结构、提高环境质量发挥着举足轻重的作用。

第三章

碳环化合物

〖学习引导〗

一、前置知识

1. 仅由碳和氢两种元素组成的化合物称为烃，碳原子之间既可以连接成开链化合物，也可以首尾相连形成环状的化合物；碳原子之间以单键结合，碳原子的其余价键均与氢原子结合的化合物称为饱和烃或烷烃；烃分子中含有碳碳双键（$\rangle C{=}C\langle$）或碳碳三键（$-C\equiv C-$）的化合物称为不饱和烃，不饱和烃包括烯烃和炔烃。

2. 在饱和烃分子中，碳原子均采用 sp^3 杂化轨道形成 C—C σ 键或 C—H σ 键；碳碳双键中的碳原子采用了 sp^2 杂化成键，两个碳原子间形成碳碳双键，其中一个 σ 键、一个 π 键；碳碳三键中的碳原子采用了 sp 杂化成键，两个碳原子间形成碳碳三键，其中一个 σ 键、两个 π 键。

3. 烷烃的系统命名法包括：① 选主链：选择分子中最长的碳链作为主链；② 给主链碳原子编号：将支链作为取代基，从靠近取代基的一端开始；③ 化合物命名：根据主链上碳原子的总数，称为某烷，支链上的取代基的名称写在某烷的前面，取代基的位次与名称之间用短线隔开。

烯烃和炔烃的命名要选择含有双键或三键的最长碳链为主链，从靠近双键或三键的一端开始编号，命名时标出双键或三键的位置。

二、重点概览

1. 有机化合物分子中碳原子“头”“尾”相连形成一个闭合“环”的烃为环状烃，环状烃分为脂环烃和芳香烃。脂环烃分子中含有由3个以上碳原子连接成的碳环，环内两个相邻碳原子之间可以是单键、双键或三键，环的数目可以是一个或多个，它们的性质与相应的直链化合物相似。芳香烃是一类具有苯环结构的化合物，它们结构稳定，不易分解，分子中至少含有一个离域键。

2. 苯分子中的6个碳原子均采取 sp^2 杂化成键，每个碳原子的3个 sp^2 杂化轨道分别与2个相邻碳原子和1个氢原子形成3个 σ 键，6个碳原子形成一个对称的正六边形结构，分子中所有的原子都在同一平面上。每个碳原子各剩1个未参加杂化的p轨道，其对称轴均垂直于正六边形平面而相互平行，6个p轨道彼此“肩并肩”，侧面重叠形成1个环状大π键。π电子云对称分布在整个正六边形平面的上下，形成闭合的环状共轭（π-π）体系。

3. 苯环是一个稳定的共轭体系，容易发生取代反应，不容易发生加成反应和氧化反应。在一定的条件下，苯环上的氢原子可以被氯或溴、硝基、磺酸基、烷基取代生成取代苯；在高锰酸钾或重铬酸钾等强氧化剂的作用下，苯环上含 α-H 的侧链能被氧化，氧化产物均为苯甲酸。若与苯环直接相连的 α-C 上没有连接氢原子，侧链不能被氧化。这可作为苯环上有无含 α-H 的侧链的鉴别反应。

4. 取代苯环在进行取代反应时，苯环上原有取代基将影响取代反应活性和第二个基团进入苯环的位置。根据定位效应的不同，定位基分为邻、对位定位基和间位定位基两大类。邻、对位定位基主要使新引进的基团进入其邻位和对位，而间位定位基主要使新引进的基团进入其间位。除卤素原子外，邻、对位定位基都能使苯环活化，取代反应比苯容易进行。间位定位基能使苯环钝化，取代反应比苯难于进行。

5. 萘是由2个苯环共用1对邻位碳原子稠合而成的，分子式为 $C_{10}H_8$，萘分子中键长平均化程度没有苯高，因此稳定性也比苯差，而反应活性比苯高，不论是取代反应或是加成、氧化反应均比苯容易发生。蒽和菲均由3个苯环稠合而成，分子式都为 $C_{14}H_{10}$，互为同分异构体。蒽和菲也具有芳香性，但与苯和萘相比相差甚远，具有一定的不饱和性及氧化性。蒽的氧化产物是蒽醌，蒽醌的衍生物是某些天然药物的重要成分。菲是制药工业的重要原料，各种甾体药物中都含有多氢菲的基本结构。

三、难点释疑

1. 环烷烃的加成反应有什么特点？

环烷烃的化学性质与链烷烃相似，可发生卤代反应，常温下不与强氧化剂反应。除此之外，环烷烃尤其是环丙烷及环丁烷由于其结构的不稳定，有一定的张力，具有独特的开环加成反应。开环反应的反应活性：三元环 > 四元环 > 五、六、七元环。例如，环丙烷可与氢气、卤素和卤化氢加成，形成相应的加成产物。

（1）加氢。环戊烷以下的环烷烃在催化剂存在的条件下可以与氢加成，生成相应的烷烃。环的大小不同，要求的反应条件也不同，环丙烷较易开环，在较低温度下就可以与氢加成；环戊烷较难开环，必须在较高温度下用铂作催化剂才能与氢加成。当脂环化合物中含有双键等不饱和官能团时发生加氢反应不开环，只在双键处发生加成反应。

（2）加卤素和卤化氢。环丙烷在室温下即可与卤素或卤化氢加成。环丁烷在室温下加成比较困难。环戊烷以上的环烷烃一般不与卤素或卤化氢发生加成反应。环丙烷与氢卤酸发生加成反应时，环的破裂发生在取代基最少和取代基最多的碳原子之间，并遵循马尔科夫尼科夫规则，即环破裂后氢原子加在含氢较多的碳原子上。

2. 有机化合物的芳香性有哪些特点？

（1）具有平面或接近平面的环状结构。

（2）键长趋于平均化。

（3）具有较高的 C/H 比值。

（4）芳香族化合物的芳环一般都难以氧化、加成，而易于发生亲电取代。

大多数芳香族化合物都含有一个或多个芳环（或芳核）。芳香族化合物广泛分布于自然界，许多都具有芳香气味；主要的工业来源是石油和煤焦油。

3. 为什么苯易于发生取代反应，难于发生加成、氧化反应？

苯的化学性质是由其特殊的分子结构所决定的。苯具有高度离域的闭合大 π 键，由于 π 电子的高度离域，使得 6 个碳原子周围的电子云密度均匀分布，键长完全平均化，分子的能量降低，有特殊的稳定性，即具有芳香性，不易发生加成和氧化反应，却易发生取代反应。

取代反应是多数芳香族化合物的重要反应之一，通过取代反应能用简单的芳香族化合物合成较复杂的化合物。芳核上的取代反应包括亲电、亲核以及自由基取代三种类型，其中最常见的是亲电取代，如卤代反应、硝化反应、磺化反应、烷基化反应、酰基化反应等。芳香族化合物在有机合成工业上有重要的用途。

4. 邻、对位定位基和间位定位基具有定位效应的原因是什么？

邻、对位定位基和间位定位基均与苯环产生电子效应，使苯环上不同碳原子的电子云分布发生改变。电子效应包括诱导效应和共轭效应。大多数邻、对位定位基所产生的两类电子效应的作用使苯环的电子云密度增加，邻、对位电子云密度增加更多；而间位定位基则使苯环的电子云密度减小，邻、对位电子云密度减小更多。在苯环发生亲电取代反应时，亲电试剂会选择连接在苯环电子云密度较大的碳原子上，即邻、对位定位基的邻、对位和间位定位基的间位。因此带有取代基的单环芳香烃发生亲电取代反应时，取代基具有定位效应。

5. 为何萘的取代、加成和氧化反应均比苯容易？

萘与苯一样都是平面分子，也具有共轭的大 π 键，但是由于萘的 2 个苯环互相稠合，

使得 π 电子云分布不像苯那样均匀，萘 α 位上的电子云密度要比 β 位电子云密度高，分子的稳定性比苯差，表现出一些不饱和链烃的性质和氧化性，因此萘的取代、加成、氧化反应均比苯容易。

〖能力提升〗

维生素 B_6 又称吡哆素，其包括吡哆醇、吡哆醛及吡哆胺，在体内以磷酸酯的形式存在，是一种水溶性维生素，遇光或碱易被破坏，不耐高温。维生素 B_6 在酵母菌、肝脏、谷粒、肉、鱼、蛋、豆类及花生中含量较多。维生素 B_6 为人体内某些辅酶的组成成分，参与多种代谢反应，尤其与蛋白质和氨基酸代谢关系密切。临床上应用维生素 B_6 制剂防治妊娠呕吐和放射病呕吐。请查阅资料，了解维生素 B_6 缺乏会引起的症状及其功效。

〖素养养成〗

一、强化基础

（一）填空题

1. 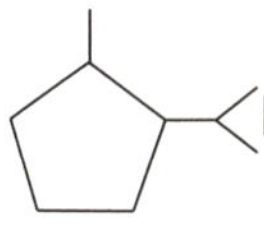的名称为：________________________。

2. 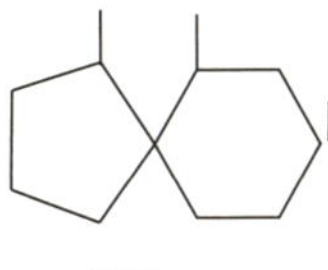的名称为：________________________。

3. 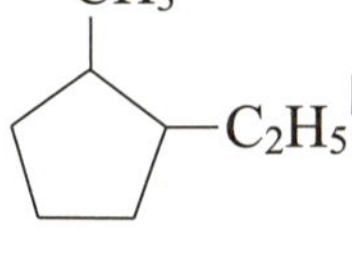的名称为：________________________。

4. 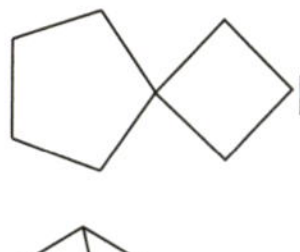的名称为：________________________。

5. 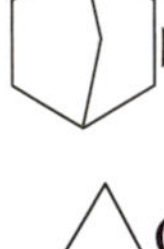的名称为：________________________。

6. 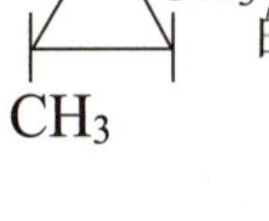的名称为：________________________。

7. 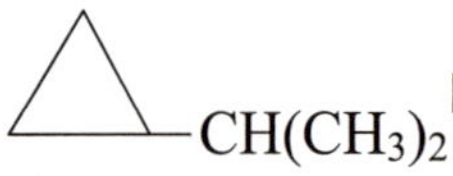

的名称为:______________________________。

8. 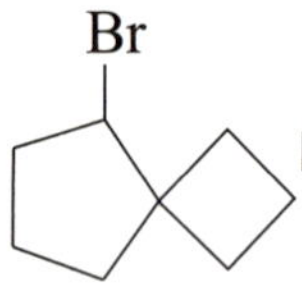

的名称为:______________________________。

9. 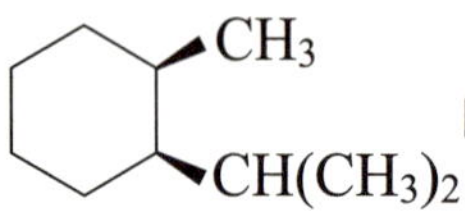

的名称为:______________________________。

10. 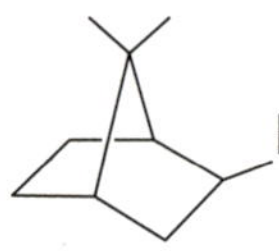
的名称为:______________________________。

11. 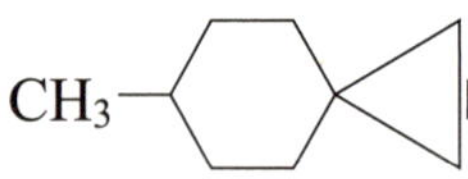

的名称为:______________________________。

12. 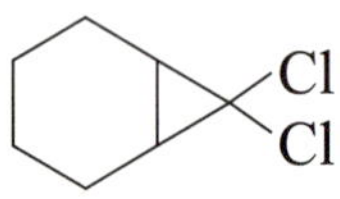

的名称为:______________________________。

13. 环戊基甲酸的结构式为:______________________________。

14. 4-甲基环己烯的结构式为:______________________________。

15. 二环[4,1,0]庚烷的结构式为:______________________________。

16. 3-甲基环戊烯的结构式为:______________________________。

17. 苯的分子式为:____________。

18. 苯的结构式为:____________。

19. 苯的同系物的通式为:____________。

20. 碳环中含有双键的脂环烃称为:______________________________。

(二)选择题

1. 下列关于苯的说法,正确的是(　　)。

A. 苯的分子式为 C_6H_6,它不能使酸性 $KMnO_4$ 溶液褪色,属于饱和烃

B. 从苯的凯库勒式看,苯分子中含有碳碳双键,应属于烯烃

C. 在催化剂的作用下,苯与液溴反应生成溴苯,发生了加成反应

D. 苯分子为平面正六边形结构,6 个碳原子之间的价键完全相同

2. 下列反应不属于取代反应的是(　　)。

A. 酯化反应　　　　B. 乙烯与溴水的反应

C. 苯的硝化反应　　　　D. 苯与液溴的反应

3. 下列说法正确的是(　　)。

A. 芳香烃的分子通式是 C_nH_{2n-6}（$n \geqslant 6$）

B. 苯的同系物是分子中仅含有一个苯环的所有烃类物质

C. 苯和甲苯都不能使酸性 $KMnO_4$ 溶液褪色

D. 苯和甲苯都能与卤素单质、硝酸等发生取代反应

4. 类推是有机化学学习中常用的方法，下列有关类推正确的是（　　）。

A. 乙烯分子中所有原子都在同一平面上，丙烯分子中所有原子也都在同一平面上

B. 甲烷为正四面体结构，一氯甲烷也为正四面体结构

C. 溴乙烷能发生消去反应，1-溴丙烷也能发生消去反应

D. 苯不能使酸性 $KMnO_4$ 溶液褪色，苯的同系物也不能使酸性 $KMnO_4$ 溶液褪色

5. 下列说法正确的是（　　）。

A. 乙醇的结构简式为 C_2H_5O

B. $C_3H_6Cl_2$ 有 5 种同分异构体

C. 由苯乙烯生成聚苯乙烯，属于加聚反应

D. 乙酸溶于水可以解离，属于离子化合物

6. 不能使酸性 $KMnO_4$ 溶液褪色的是（　　）。

A. 乙烯　　B. 聚乙烯　　C. 甲苯　　D. 乙炔

7. 下列说法不正确的是（　　）。

A. 实验室可用 MnO_2 与浓盐酸在加热条件下制得 Cl_2

B. $MgCl_2$ 溶液经过蒸发结晶转化为 $MgCl_2 \cdot 6H_2O$，再直接加热脱水即可得 $MgCl_2$

C. 铝热反应可用于焊接铁轨、冶炼难熔金属

D. 硝酸分别与甲苯、甘油在合适的条件下反应，均可制得炸药

8. 下列物质中，苯环上进行硝化反应活泼性最强的是（　　）。

A. 苯　　B. 溴苯　　C. 硝基苯　　D. 甲苯

9. 一般说芳香烃具有芳香性，芳香性是指（　　）。

A. 易加成和氧化，难取代的性质　　B. 难加成，易氧化和取代的性质

C. 难氧化，易取代和加成的性质　　D. 易取代，难加成和氧化的性质

10. 下列烷烃结构式错误的是（　　）。

A.
$$\begin{array}{c} CH_3-\underset{\displaystyle CH_3}{\underset{|}{CH}}-CH_3 \end{array}$$

B.
$$\begin{array}{c} CH_3-\underset{\displaystyle CH_3}{\underset{|}{CH_2}}-CH_3 \end{array}$$

C.
$$\begin{array}{c} CH_3-CH_2-\underset{\displaystyle CH_3}{\underset{|}{CH_2}} \end{array}$$

D. CH_3-CH_3

11. 下列物质中，属于芳香醛的是（　　）。

A. 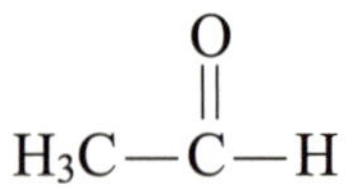　B. 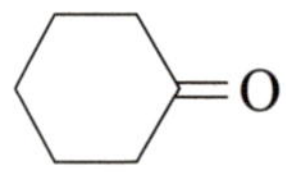　C. 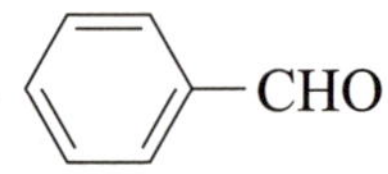　D. 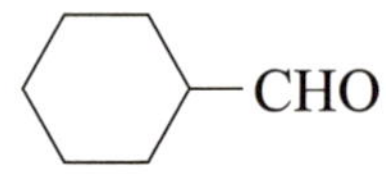

12. 羟基直接与芳环相连的化合物属于(　　)。

A. 醇　B. 醚　C. 酚　D. 芳醇

13. 环烷烃 C_5H_{10} 有(　　)种构造异构体。

A. 4　B. 5　C. 3　D. 6

14. 环上取代反应活性最弱的是(　　)。

A. 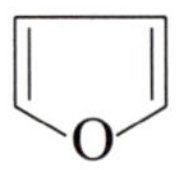　B. 　C. 　D. 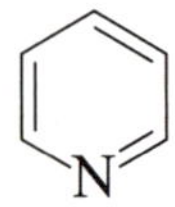

15. 在苯的硝化反应中,浓硫酸的作用是作(　　)。

A. 反应原料　B. 溶剂　C. 催化剂　D. 脱水剂

16. 能与环氧乙烷反应的物质是(　　)。(多选)

A. 水　B. 酚　C. 胺　D. 羧酸

17. 下列反应中属于聚合反应的是(　　)。

A. $n\mathrm{CHCl{=}CH_2} \longrightarrow \mathrm{{-}\!\!\![CHCl{-}CH_2]\!\!\!{-}}_n$

B. $\mathrm{R{-}CH{=}CH_2 + MnO_4^- + OH^- \longrightarrow R{-}CH(OH)CH_2(OH)}$

C. $\mathrm{R{-}CH{=}CH_2 \longrightarrow R{-}C{\equiv}CH + H_2}$

D. $\mathrm{CH_3{-}CH{=}CH_2 + Br_2 \longrightarrow CH_2BrCH{=}CH_2 + HBr}$

18. 下列反应不属于水解反应的是(　　)。

A. 乙酰氯在空气中冒白烟　B. 乙酐与水共热

C. 丙酰胺与 Br_2、NaOH 共热　D. 皂化

19. 下列有关碳和碳的化合物的说法错误的是(　　)。

A. 金刚石、石墨、C_{60} 都是碳元素组成的单质

B. 在加热或高温的条件下,CO 能与许多金属氧化物反应

C. 二氧化碳能使紫色石蕊溶液变红,说明二氧化碳具有酸性

D. 水墨画可长久保存不变色是因为常温下碳的化学性质不活泼

(三)判断题

1. 环己烯与氯气在高温反应得到的主产物是 3-氯环己烯,该产物进一步与溴的四氯化碳溶液反应得到 1-氯-2-溴环己烷。(　　)

2. 苯在催化剂存在或高温高压、紫外线照射等条件下发生加成反应,是工业上生产环己烷的主要方法。(　　)

3. 苯环上已有磺基后，再引入第二个磺基时比苯要容易。(　　)

4. 苯酚与溴水反应，可立即生成白色沉淀，该反应灵敏，可用于苯酚的鉴别。(　　)

5. 苯酚比苯更难发生硝化反应。(　　)

6. 不对称环烷烃发生开环加成反应时，环的断裂主要发生在含氢较多与含氢较少的成环碳原子间。(　　)

7. 化合物 1–异戊基环己烷的系统命名正确。(　　)

8. 芳烃烷基化反应使用的催化剂是无水三氯化铝。(　　)

9. 化合物 2–乙基 4–环戊基己烷的系统命名正确。(　　)

10. 烷基苯的磺化反应比苯容易进行。(　　)

11. 取代环烷烃与卤化氢的加成反应符合马尔科夫尼科夫规则。(　　)

12. 苯环氧化是工业上生产顺丁烯二酸酐的主要方法。(　　)

13. 取代环烷烃与卤素的取代反应优先在没有取代基的碳原子上进行。(　　)

14. 苯环一般较稳定，不易被氧化，但当满足反应条件时，也可发生氧化反应。(　　)

15. 苯环一般较稳定，不可发生氧化反应。(　　)

16. 苯与浓硝酸及浓硫酸的混合物(混酸)共热，发生硝化反应，浓硫酸除了起催化作用外，还是脱水剂。(　　)

17. 环丙烷分子中存在角张力和扭转张力，二者总称为环张力。(　　)

18. 当苯环上所连取代基为简单烷基时，应以苯环为母体，以烷基为取代基来命名。(　　)

19. 当苯环上所连取代基为不饱和烃基或取代基比较复杂时，应以侧链为母体，以苯环为取代基来命名。(　　)

20. 脂环烃都是饱和烃。(　　)

(四)名词解释

1. 脂环烃
2. 芳香烃
3. 卤代反应
4. 硝化反应
5. 磺化反应
6. 加成反应
7. 炔烃
8. 烯烃

（五）简答题

1. 从微观结构上如何理解有机物的芳香性？
2. 总结苯的性质，并从微观结构上对苯的性质进行解释。
3. 脂环烃在自然条件下的稳定性有何规律，能够稳定存在的是几元环？
4. 简述苯环中的大 π 键的特点。
5. 请从结构上分析苯为什么难以发生加成反应。
6. 如何鉴别烃基苯中是否含 α-氢原子？
7. 稠环芳烃结构上有何特点？与苯相比，其稳定性如何？

二、实践探究

松节油是精油的一种，也是一种重要的工业原料。松节油是通过蒸馏等方法从松柏科植物的松脂中所提取的液体，主要成分是萜烯。松节油能以任意比例与氯仿、乙醚或醋酸混合，但不溶于水。松节油属于高闪点可燃液体，具有挥发性，燃烧时会产生大量浓烟。刚出厂的松节油为无色、有特殊臭味的液体，存储时间过久或暴露在空气中会使颜色逐渐变黄并且臭味加重。

（1）氧化反应。松节油容易吸收空气中的氧而被氧化，当有水分存在时，会氧化变为黄色黏稠状的物质，所以松节油不可长期暴露在空气中。

（2）异构反应。α-蒎烯在催化剂偏钛酸的作用下，可发生异构反应，生成莰烯。莰烯是一种重要的中间体，通过它可以合成一系列物质，如樟脑。

（3）加成反应。α-蒎烯在催化剂硫酸的作用下，可与水发生加成反应，生成水合萜二醇，再脱去一分子水，可以得到松油醇。

（4）酯化反应。在 α-蒎烯的双键上加入有机酸而生成酯，如草酸异龙脑酯。利用这一反应，可合成冰片。

（5）氢化反应。α-蒎烯在催化剂的作用下，可在双键上加入氢原子，然后经过一系列反应，可制取芳樟醇。

（6）聚合反应。α-蒎烯和 β-蒎烯在惰性溶剂中经催化剂作用，都可发生聚合反应，使分子之间互相连接，去除溶剂后，便得到萜烯树脂。

三、迁移应用

1. 樟脑油主要由各种萜类化合物组成。一般用多塔式连续减压精馏，结合冷冻、升华等工艺制得精制樟脑和各种香精油（如桉叶油素、芳樟醇、松油醇、黄樟素）以及副产品（如白樟油、红樟油、蓝樟油）。请查阅资料，了解樟脑在医药行业中的应用。

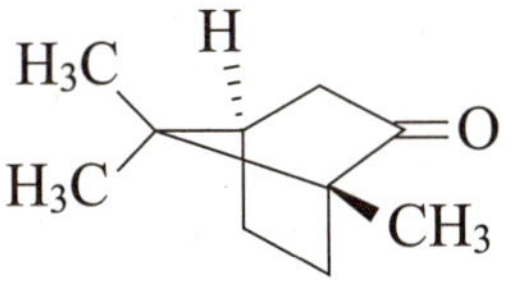

樟脑 $C_{10}H_{16}O$

2. 苯是常用的化工原料和溶剂，在工业生产中被广泛应用。但苯有毒，在使用时应该做好防护。请查阅资料，了解使用苯时的安全防护措施，了解苯中毒的症状和处理方法。

3. 苯并芘是苯与芘稠合而成的一类多环芳烃，它是由一个苯环和一个芘分子结合而成的多环芳烃类化合物。苯并芘能致癌，目前已经检查出的400多种主要致癌物中，一半以上是属于多环芳烃类的化合物。苯并芘主要存在于煤焦油、各类炭黑和煤、石油等燃烧产生的烟气、油烟以及多次使用的高温植物油、煮焦的食物、油炸过火的食品中。请查阅资料，了解苯并芘。

〖拓展延伸〗

痛　　风

痛风是由遗传性或获得性因素导致的嘌呤代谢紊乱，如尿酸生成增多或排泄减少，引起血中尿酸增多并伴随组织损伤的一种临床综合征。急性痛风性关节炎发作是由于尿酸浓度过高，在血液中呈饱和状态，致使尿酸钠微晶体在软骨、滑膜及周围组织沉积，刺激细胞膜释放花生四烯酸，经环氧化酶氧化成致炎代谢产物引起的非特异性炎症反应。痛风的临床特点是高尿酸血症、反复发作的痛风性关节炎、痛风石、间质性肾炎，严重时会导致关节畸形及功能障碍，常伴有尿路结石。其病因可分为原发性痛风和继发性痛风。

大多数原发性痛风都与家族遗传有关，并伴有高血压，原发性痛风中尿酸排泄减少或尿酸排泄障碍是引发高尿酸血症的重要因素。继发性痛风是由于肾脏疾病导致尿酸的排泄减少，或者某些药物抑制尿酸的排泄等多种原因导致的高尿酸血症。

肥胖是痛风发病的促进因素，肥胖者的血尿酸水平通常高于非肥胖者。高脂血症患者的血液呈高凝状态，可促进动脉粥样硬化的发生与发展，并且高脂血症患者常伴发肥胖和高血压，因此高脂血症也是引发痛风的危险因素。过量饮酒是引发痛风的重要因素，特别是啤酒在发酵过程中产生大量嘌呤，对痛风患者极为不利。

防治痛风除了要警惕以上高危因素外，日常还要避免进食高蛋白和高嘌呤食物，如动物内脏、鱼虾类、肉类、菠菜、蘑菇、黄豆、扁豆、豌豆、浓茶等。饮食宜清淡，忌食辛辣和刺激性食物，多吃易消化、含嘌呤较少的食物，如五谷类、奶制品类、马铃薯、各类蔬菜、柑橘类水果等。

第四章

立体异构

〖学习引导〗

一、前置知识

1. 有机化合物具有一定的空间结构，甲烷分子的碳原子采用了 sp^3 杂化成键，其空间构型为正四面体，碳原子位于正四面体的中心；烯烃分子的官能团为碳碳双键（$>C=C<$），碳碳双键中的碳原子采用了 sp^2 杂化成键，乙烯分子具有平面结构；炔烃分子的官能团为碳碳三键（$-C\equiv C-$），碳碳三键中的碳原子采用了 sp 杂化成键，乙炔分子为直线型结构。

2. 有机化合物分子常用平面结构式来表示分子的结构，如结构式、结构简式和键线式，它们只能表示分子中原子的组成及连接方式，不能表示分子的立体结构。

3. 有机化合物分子中的碳碳 σ 键可以围绕键轴任意旋转。

二、重点概览

1. 由于烯烃中碳碳双键由一个 σ 键和一个 π 键组成，π 键的存在限制了碳碳双键的自由旋转，在一定条件下产生顺反异构体。顺反异构体产生的条件是分子中必须有限制旋转的因素，如双键（$>C=C<$、$>C=N-$、$-N=N-$）、脂环等，并且以双键相连的每个原子上或脂环上两个或两个以上的碳原子，必须连接两个不同的原子或原子团。

2. 对映异构是由于分子中含有手性碳原子等不对称因素而引起的。含一个手性碳原子的化合物是手性分子，可以有 2 个旋光异构体。含两个不同手性碳原子的化合物可以有 4 个旋光异构体。含两个相同手性碳原子的化合物有 3 个旋光异构体，其中一对互为对映异构体；另一个分子中由于存在对称面，属于非手性分子，无旋光性。

3. 构象异构是分子的空间结构不变，由于碳碳单键的旋转而产生的原子或原子团在空间的不同排列形式。构象异构体从理论上讲数目是无限的，但有代表性的只是有限的几种。例如，乙烷有代表性的构象只有两种：交叉式和重叠式，丁烷有代表性的构象有四种：全重叠式、邻位交叉式、对位交叉式、部分重叠式。

4. 顺反异构体的命名有顺反构型命名法和 *Z–E* 构型命名法两种。顺反构型命名法主要用于命名碳碳双键两端 2 个碳原子上连接相同的原子或基团的顺反异构体；使用 *Z–E* 构型命名法时，首先应确定双键上每一个碳原子所连接的 2 个原子或原子团的优先次序，当 2 个"优先"基团位于双键同侧时，用 *Z* 表示其构型，位于异侧时，用 *E* 表示其构型。

5. 对映异构体最方便的表示方法是费歇尔投影式，它是按一定规则将某个对映异构体的立体结构式投影到平面上而获得的。在使用投影式时，必须有立体概念，并牢记以下两点：① 十字线的交叉点代表手性碳原子，它位于纸平面上；② 费歇尔投影式中的竖键，表示指向纸平面后方的价键，而横键则表示指向纸平面前方的价键。

6. 对映异构体的构型主要采用 *R–S* 构型标记法进行命名，首先根据次序规则排列手性碳原子上 4 个原子或原子团的优先次序（原子序数大的优先），如 a > b > c > d，然后，以 d 作正四面体的顶端，a、b、c 为正四面体的另 3 个角，在 d 的对面观察 a → b → c 的排列顺序，如果是顺时针排列，则为 *R* 构型，反之则为 *S* 构型。

三、难点释疑

1. 如何理解偏振光、旋光性和旋光度？

光是一种电磁波，电磁波是横波。普通光中各种波长的光在垂直于前进方向的各个平面内振动，而振动方向和光波前进方向构成的平面称为振动面；光的振动面只限于某一固定方向的，称为平面偏振光或线偏振光。

当平面偏振光通过盛有旋光性化合物的旋光管后，偏振面就会被旋转（向右或向左）一个角度，这种能使偏振面旋转的性能称为旋光性。偏振面被旋光性物质所旋转的角度称为旋光度。观察检偏镜上携带的刻度盘所旋转的角度，即为该旋光性物质的旋光度。

2. 含有手性碳原子的化合物一定具有旋光性吗？

旋光性是手性化合物的特性，判断一个分子有无旋光性要看它是否为手性分子，即是否为不对称分子，有无对称因素（主要是指对称面和对称中心），而不是看它是否有手性碳原子。有的化合物的分子内虽然含有手性碳原子，但由于分子内存在对称面或对称中心等对称因素，因而是非手性分子，没有旋光性，如内消旋酒石酸分子。

3. 作为标准物质的右旋甘油醛是 *R* 构型，那么其他具有 *R* 构型的化合物也一定是右旋体吗？

右旋体及左旋体是指某一对映异构体的旋光方向，它是通过旋光仪进行测定的，而 *R*、*S* 构型是人为对手性碳原子进行的构型标记，两者之间没有必然联系。*R* 构型的化合物既可以是右旋体也可以是左旋体，其对映异构体 *S* 构型的化合物也一样。

4. 外消旋体和内消旋体有什么异同？

外消旋体和内消旋体的共同之处是两者的旋光度都为零，都不具有旋光性，但原因却有本质的不同。内消旋体是一个化合物，因其分子内存在对称因素而成为对称分子，即非手性分子，不具有旋光性。外消旋体是混合物，是由等量的一对对映异构体组成的，可以通过一定的方法分离出左旋体和右旋体。任何一个内消旋体分子均无旋光性，但从外消旋体中分离出的任何一个分子都是手性分子，有旋光性。

〖能力提升〗

1. 顺铂，又名顺式–二氯二氨合铂，是一种含铂的抗癌药物，为橙黄色或黄色结晶性粉末，微溶于水、易溶于二甲基甲酰胺，在水溶液中可逐渐转化成反式（反铂）和水解。临床上对卵巢癌、前列腺癌、睾丸癌、肺癌、鼻咽癌、食管癌、恶性淋巴瘤、头颈部鳞癌、甲状腺癌及成骨肉瘤等多种实体肿瘤均具有疗效。由于有机物分子结构决定性质，顺反异构体之间往往具有不同的性质。请查阅资料，了解顺铂、反铂的结构式，以及顺反异构与药物生理活性的关系。

2. 20 世纪 60 年代前后，欧美多个国家的医生都在使用新药沙利度胺治疗妇女妊娠反应，很多人吃了药后的确不吐了，恶心的症状得到了明显改善，并且有安眠作用。因此，此药又被称为“反应停”。然而在这之后，全球诞生畸形婴儿的比例却异常升高。原来，沙利度胺有两种构型，其中右旋构型具有镇静作用，可以抑制妊娠反应。而左旋构型却会在胎儿四肢发育过程中和关键的两种多肽相结合，使其失去作用，最终导致新生婴儿的四肢缺失。请查阅氯胺酮、青霉胺和乙胺丁醇等手性药物，了解其构型与所起作用的关系。

〖素养养成〗

一、强化基础

（一）填空题

1. 分子的同分异构可以分为 ＿＿＿＿＿＿、＿＿＿＿＿＿。

2. 立体异构可以分为 ＿＿＿＿＿＿、＿＿＿＿＿＿。

3. 有机化合物分子产生顺反异构现象，必须在结构上具备两个条件：① ＿＿＿＿＿＿＿＿＿＿；② ＿＿＿＿＿＿＿＿＿＿＿＿。

4. 分子 ＿＿＿＿＿＿，只是由于双键或碳环旋转受阻而产生的原子或基团的空间排列方式不同所引起的异构称为 ＿＿＿＿＿＿。

5. 顺反异构体具有不同的物理性质：反式异构体的熔点一般 ＿＿ 于顺式异构体，顺式异构体的溶解度、燃烧热一般均 ＿＿ 于反式异构体。

6. 对映异构又称 ＿＿＿＿＿＿，是一种与物质的 ＿＿＿＿＿＿ 有关的立体异构。

7. 能使偏振面按 ＿＿＿＿＿＿ 方向旋转的旋光性物质称为右旋体。用符号“＿＿”或“＿＿”表示右旋。

8. 比旋光度是指在一定温度下，光的波长一定时，待测物质的浓度为 ＿＿＿＿、盛液管的长度为 ＿＿＿＿ 的条件下测得的旋光度。

9. 连接 4 个不同原子或基团的碳原子称为 ＿＿＿＿ 碳原子（也称为不对称碳原子），用 C* 表示。

10. 指出下列分子是否为手性分子，并用“*”标出其中的手性碳原子。

（1）$(CH_3)_2CHCH_2OH$＿＿＿＿　　（2）$CH_3CH(NH_2)COOH$＿＿＿＿

（3）CH_3CH_2COOH＿＿＿＿　　（4）$CHBrCl_2$＿＿＿＿

11. 手性药物是指含有 ＿＿＿＿ 的药物。生物体内的大分子大多具有 ＿＿＿＿。人体里的氨基酸都是 ＿＿＿＿，只有用 ＿＿＿＿ 的氨基酸才能合成蛋白质。

12. 一个手性碳原子所连的 4 个不同原子或基团，在空间上具有两种不同的排列顺序，即两种构型，彼此 ＿＿＿＿＿、＿＿＿＿＿ 的一对立体异构体，称为对映异构体，简称对映体。

13. 一对对映体在等量混合后，得到的没有旋光性的混合物称为 ＿＿＿＿＿。

14. 表示构象可以用透视式或 ＿＿＿＿＿。

15. 写出 $CH_3CH=CHCH_3$ 的顺、反异构体的结构简式：＿＿＿＿＿、＿＿＿＿＿。

16. 某芳香烃的分子式为C_8H_{10}，它可能有的同分异构体共______种，其中__________（填结构简式）在苯环上的一溴代物只有两种。

17. $C_4H_{10}O$ 的同分异构体中，属于醇类且含有手性碳原子的结构简式为________。

18. 具有完全相同的__________和__________的一对分子，如同左手和右手一样互为__________却在三维空间里不能__________，互称手性异构体。

19. 已知3-氯-2-丁氨酸的结构简式为 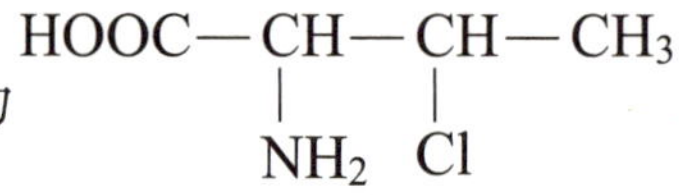，其含有_____个手性碳原子。

20. C_2H_6 的二氯代物中______（填“有”或“无”）手性分子。

（二）选择题

1. 已知 ClCH═CHCl 有两种结构：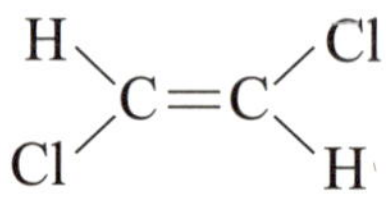 和 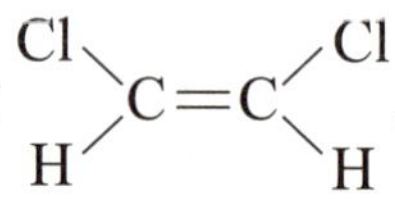，这种由于双键不能自由旋转形成的异构体，称为顺反异构体。下列烯烃存在顺反异构现象的是（　　）。

A. $CH_2═CH_2$　　B. $CH_3CH═CH_2$　　C. $CH_3CH═CHCH_3$　　D. $CH_3CH═C(CH_3)_2$

2. 某烷烃有两种同分异构体，含相同数目碳原子的单烯烃的同分异构体有（　　）种（含顺反异构）。

A. 2　　B. 3　　C. 4　　D. 5

3. 下列分子属于手性分子的是（　　）。

A. H_2O　　B. $H_2N—CH_2—COOH$

C. 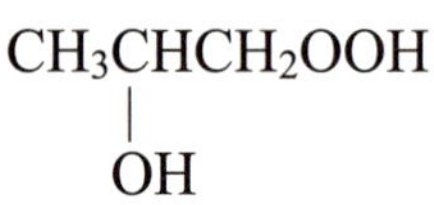　　D. 

4. 下列有机物可以形成顺反异构体的是（　　）。

A. 丙烯　　B. 1-氯-1-丙烯

C. 2-甲基-2-丁烯　　D. 2,3-二甲基-2-丁烯

5. 下列分子中不存在立体异构的是（　　）。

A. CHBr═CHBr　　B. CH_3CH_2OH

C. 平面四边形分子$(NH_3)_2Cl_2$　　D. 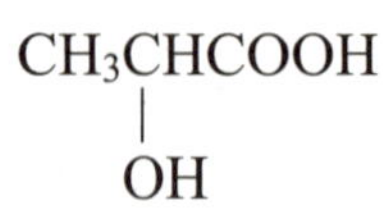

6. 下列有机物中存在顺反异构的是（　　）。

A. $CH_3CH═CHCH_3$　　B. $CH_2═CCl_2$

C. $CH_2=CHCH_2Cl$　　D. 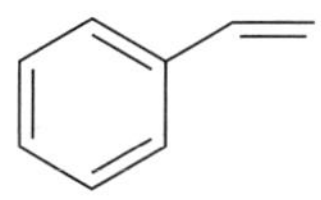

7. 下列说法：① $BrCH=CHBr$ 分子存在顺反异构现象；② CH_2Cl_2 有 2 种结构；③ $CH\equiv CCH_3$ 中最多有 5 个原子共线；④ 苯乙烯分子中最多有 16 个原子共平面。其中正确的是（　　）。

A. ①④　　B. ②③　　C. ②④　　D. ③④

8. 柔红酮是一种医药中间体，其结构简式如图所示，下列说法正确的是（　　）。

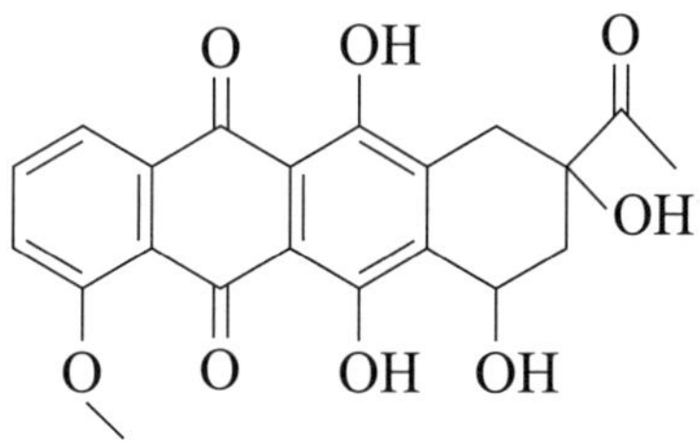

A. 每个柔红酮分子中含有 2 个手性碳原子

B. 柔红酮分子中所有的碳原子都在同一个平面上

C. 1 mol 柔红酮最多可与 2 mol Br_2 发生取代反应

D. 柔红酮不能发生氧化和加成反应

9. 下列分子中具有光学活性且与足量氢气加成后仍然具有光学活性的是（　　）。

A. $CH_2=CHCH(CH_3)CH_2CH_3$　　B. $CH_2=CHCH_3$

C. $CH_3-CH(CHO)-CH_2OH$　　D. $CH_3-CH(CHO)-COOH$

10. 丙氨酸（$C_3H_7NO_2$）分子为手性分子，它存在手性异构体，如图所示。下列关于丙氨酸的两种对映异构体（Ⅰ和Ⅱ）的说法正确的是（　　）。

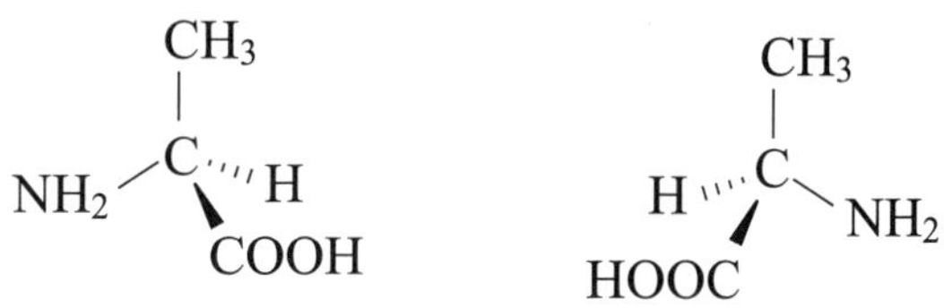

Ⅰ　　Ⅱ

A. Ⅰ和Ⅱ的化学键相同，但分子的性质不同

B. Ⅰ和Ⅱ呈镜面对称，具有不同的分子极性

C. Ⅰ和Ⅱ分子都是极性分子，只含有极性键，不含非极性键

D. Ⅰ和Ⅱ分子中均存在 2 个不对称碳原子

11. 治疗 H_7N_9 禽流感药物帕拉米韦的结构如图所示。下列说法正确的是（　　）。

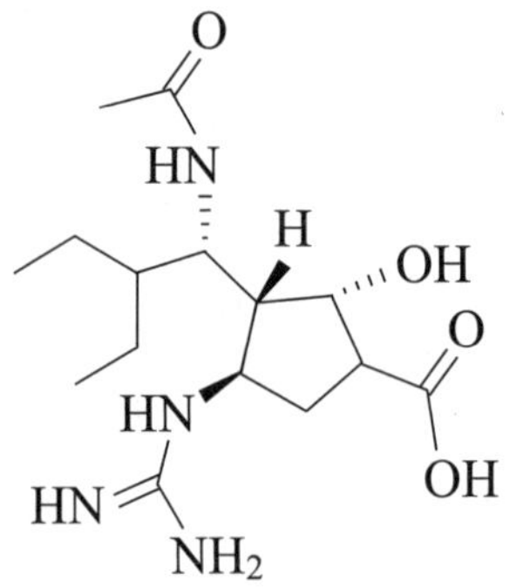

A. 分子式是 $C_{15}H_{29}O_4N_4$

B. 分子中含有氨基、羧基、羟基、醛基等官能团

C. 分子中含有 4 个手性分子

D. 能发生水解反应和酯化反应

12. 已知某化合物的结构如图所示，下列说法正确的是(　　)。

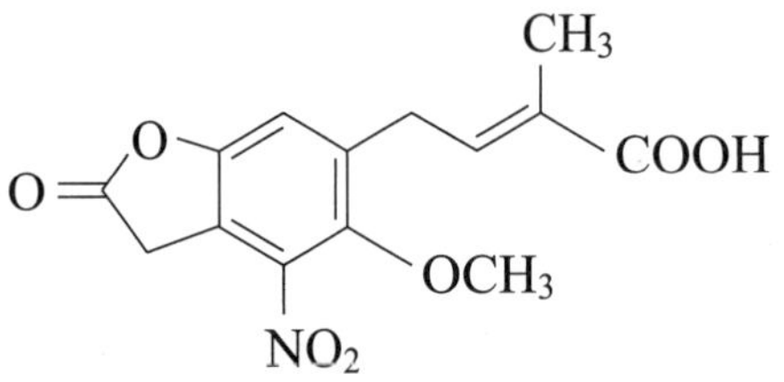

A. 该化合物的分子式为 $C_{14}H_{12}NO_7$

B. 该化合物分子中含有手性碳原子

C. 该化合物能与 H_2 和 NaOH 溶液反应，且 0.5 mol 该物质最多能与 2.5 mol H_2 反应

D. 该化合物的分子结构中含有 5 种官能团

13. 我国科研人员以蹄叶橐吾为原料先制得化合物Ⅰ，再转化为具有抗癌抑菌活性的倍半萜化合物Ⅱ，有关转化如图所示。下列说法不正确的是(　　)。

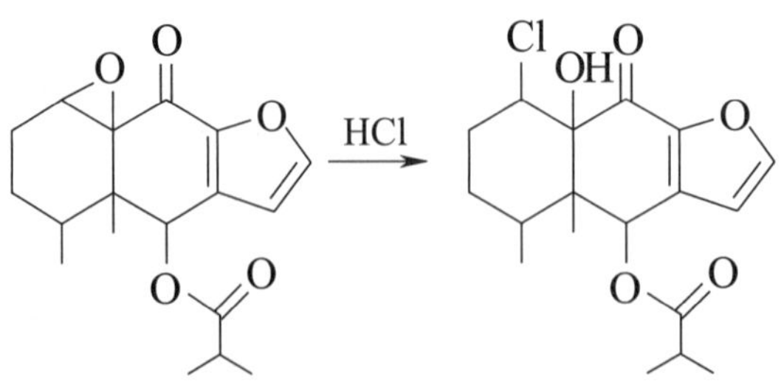

化合物Ⅰ　　　　化合物Ⅱ

A. 化合物Ⅰ能使酸性 $KMnO_4$ 溶液褪色

B. 化合物Ⅰ分子中含有 5 个手性碳原子

C. 化合物Ⅱ在一定条件下能发生取代、消去及加成反应

D. 检验化合物Ⅱ是否含化合物Ⅰ可用 Br_2 的 CCl_4 溶液

14. 有机化合物 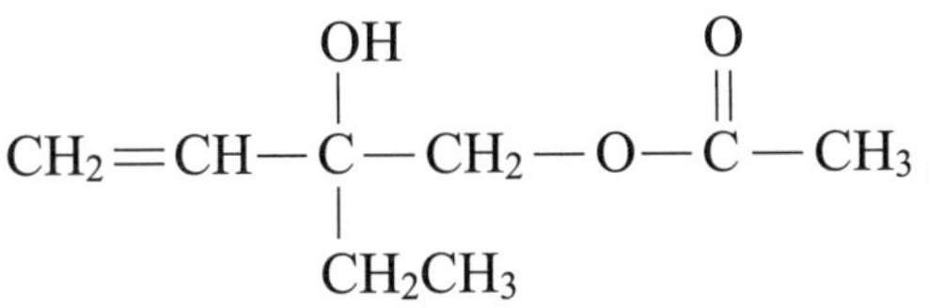 具有手性，发生（　　）反应后，分子仍具有手性。

① 与 H_2 发生加成反应；② 与乙酸发生酯化反应；③ 发生水解反应；④ 发生消去反应

A. ①②　　B. ②③　　C. ①④　　D. ②④

15. 杀鼠灵是一种抗凝血性杀毒剂，其结构简式如图所示，下列说法正确的是（　　）。

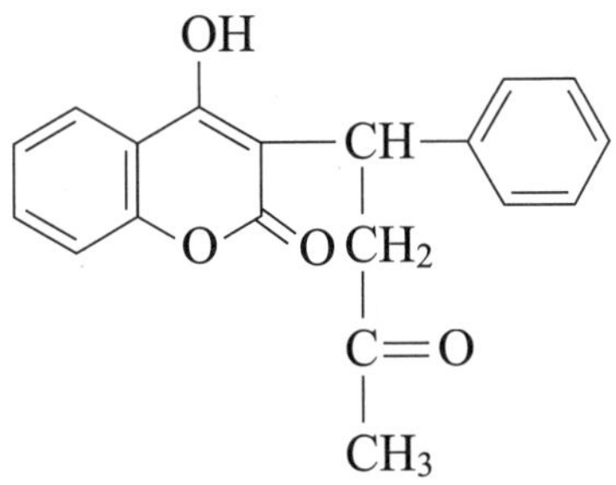

A. 分子中有 1 个手性碳原子　　B. 遇到 FCl_3 溶液显紫色

C. 1 mol 杀鼠灵最多能与 7 mol H_2 反应　　D. 能萃取碘水中的碘单质

16. 某有机化合物结构如图所示：

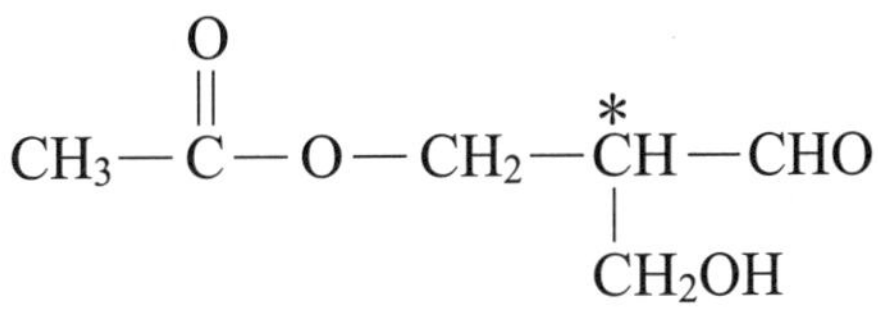

其具有光学活性（式中标有 * 号的为手性碳原子），该有机物发生（　　）反应后，仍一定具有光学活性。

A. 银镜　　B. 水解　　C. 消去　　D. 酯化

17. 已知碳碳单键可以绕键轴自由旋转。某烃的结构简式如图所示，下列说法正确的是（　　）。

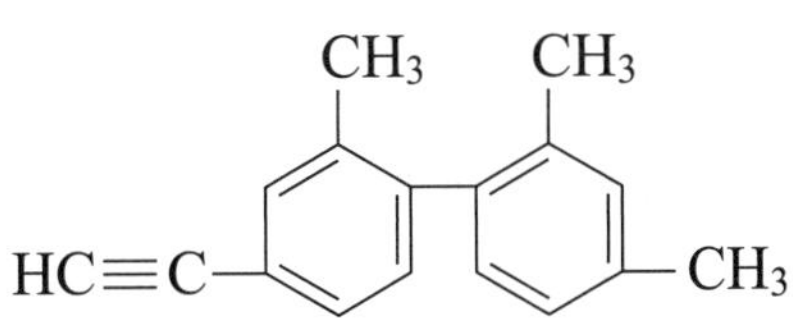

A. 分子中处于同一直线上的碳原子最多有 6 个

B. 该烃苯环上的二氯代物共有 13 种

C. 该烃的一氯代物共有 8 种

D. 分子中至少有 12 个碳原子处于同一平面上

18. 已知有机物 A（$C_{10}H_{20}O_2$）在酸性条件下能水解得 B 和 C，B 在一定条件下可以氧化得到

C，则符合条件的有机物 A 有（　　）。

A. 4 种　　B. 8 种　　C. 16 种　　D. 32 种

19. C_5H_{10} 有（　　）个非环状的异构体。

A. 4　　B. 5　　C. 6　　D. 7

20. 下图所示的有机物 X 可生产 S-诱抗素 Y。下列说法正确的是（　　）。（多选题）

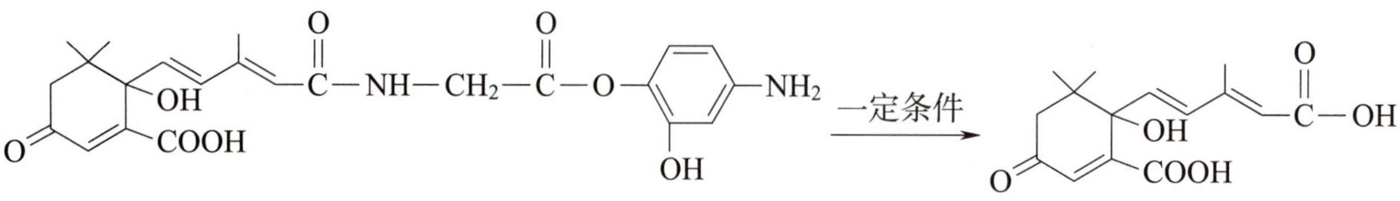

X　　　　Y

A. X 结构中有 2 个手性碳原子

B. X 可以发生氧化、取代、酯化、加聚、缩聚反应，并能与盐酸反应生成有机盐

C. Y 既可以与 $FeCl_3$ 溶液发生显色反应，又可使酸性 $KMnO_4$ 溶液褪色

D. 2 mol X 与足量 NaOH 溶液反应，最多消耗 10 mol Y，最多加成 8 mol H_2

（三）判断题

1. $CH_3CH=CHBr$ 可形成顺反异构。（　　）

2. $HOCH_2CH(OH)CH_2OH$ 与 $CH_3CHClCH_2CH_3$ 都是手性分子。（　　）

3. 互为手性异构体的分子互为镜像。（　　）

4. CO_2 和 H_2O 都是直线型分子。（　　）

5. CO_2 与 SO_2 的立体构型相似，都是非极性分子。（　　）

6. NH_4^+ 和 CH_4 的空间构型相似。（　　）

7. 对映异构体具有旋光性。（　　）

8. 手性异构体的性质相同。（　　）

9. 手性异构体的分子组成相同。（　　）

10. 苯乙烯和氢气完全加成的产物的一溴取代物有 5 种。（　　）

11. 联二苯 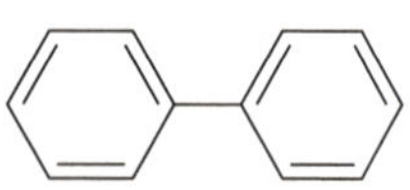 的二氯取代物有 15 种。（　　）

12. 丙烯与氯化氢加成的产物有 2 种。（　　）

13. 等物质的量的氯气与乙烷在光照条件下反应得到 9 种产物。（　　）

14. 分子式为 CCl_2F_2 的物质只有一种空间结构。（　　）。

15. 立方烷 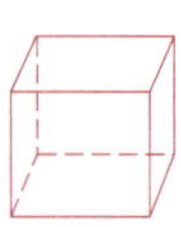 的六氯取代物有 3 种。（　　）

16. 已知二氯苯有 3 种同分异构体，则四氯苯的同分异构体的数目为 6 种。(　　)

17. 甲苯苯环上的一个氢原子被 4 个碳原子的烷基取代，所得产物有 12 种。(　　)

18. 葡萄糖分子（$HOCH_2—CHOH—CHOH—CHOH—CHOH—CHO$）中的手性碳原子数为 5。(　　)

19. $(CH_3)_2CHCHClCOOH$ 分子中含有手性碳原子。(　　)

20. CH_3CH_2OH 分子中含有手性碳原子。(　　)

（四）名词解释

1. 顺反异构体
2. 偏振光
3. 手性分子
4. 外消旋体
5. 构象

（五）简答题

1. 简述同分异构包括哪几种异构现象。
2. 简述顺反异构分子在结构上应具备的条件。
3. 简述 *Z–E* 构型命名法。
4. 简述比旋光度。
5. 简述手性碳原子的判定条件及表示方法。
6. 简述对映异构体及其特点。
7. 简述 *D–L* 构型标记法。
8. 简述构象异构分子中构象与内能之间的关系。
9. 推测化合物 $CH_3(CH_2)_8CH=CHCH(OH)CH(NH_2)CH_2CH_3$ 有多少种构型异构体。
10. 推测 $CH_3CH=C=CHCH=CHCH_3$ 有多少种立体异构体，并指出哪些是对映体、非对映体和顺反异构体。

二、实践探究

1. 命名手性分子时，除了要写明化合物的主体名称和取代基的位置，还要写明化合物的立体构型，请命名下列化合物。

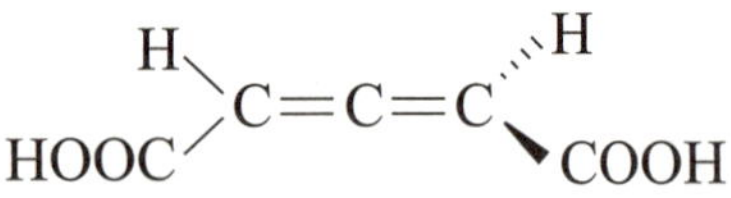
A

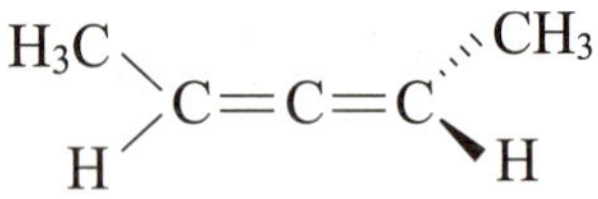
B

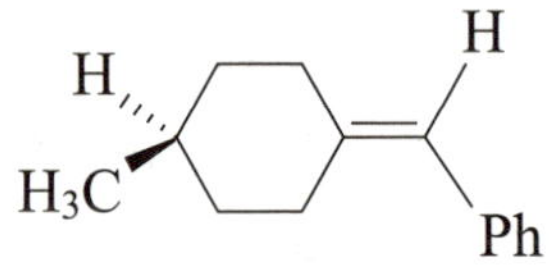
C

2. 手性药物是指药物分子结构中引入手性中心后，得到的一对互为实物与镜像的对映异构体。虽然分子组成是一样的，但空间结构不同，互为镜像却又无法重叠，这就导致药物的活性、功能、不良反应等不同。常见的手性药物有左旋氨氯地平（$C_{20}H_{25}ClN_2O_5$）、左西替利嗪（$C_{21}H_{25}ClN_2O_3$）、右佐匹克隆（$C_{17}H_{17}ClN_6O_3$）。请查阅以上药物的说明书，简要说明所治疗的病症以及对应的药物疗效的区别。

3. 在有机化合物分子中，碳—碳单键的自由旋转，引起结合在碳原子上的原子或基团的相对位置发生改变，产生若干种不同的空间排布方式，称为该分子的构象。其中，能量最低的构象最稳定。优势构象则是指在特定条件下，分子最常采取的构象。请简单画出丁烷、正戊烷、环己烷、乙二醇等分子的优势构象，并说明稳定构象和优势构象的区别。

4. 布洛芬是一种广泛应用于临床的2-芳基丙酸类非甾体消炎药，主要通过可逆性地抑制环氧化酶来抑制作为炎症介质的各种前列腺素的生成，从而起到解热镇痛抗炎的作用。请查阅资料，说明布洛芬作为外消旋体治病的机理，以及作为手性药物，在临床使用中如何发挥药理活性。

5. 氧氟沙星与左氧氟沙星的立体结构不同，但具有相同的化学分子式 $C_{18}H_{20}FN_3O_4$，所以两者在作用机制上是基本相同的，都是通过影响细菌 DNA 的合成及复制，导致细菌死亡，从而起到杀菌作用。请查阅资料，说明两者立体结构、光学性质的差异，作为药物如何显示出抗菌活性的不同，以及治疗适应证的区别。

三、迁移应用

1. 所谓手性，就是指一个物体与其镜像不存在几何对称性，并且不能通过平移或旋转等对称操作使物体与其镜像相重合的特性。手性广泛存在于自然界和人造材料中，科学研究发现，作为构成生命体的基本“零件”——氨基酸和核苷酸都是具有单一手性的分子（氨基酸左旋、核苷酸右旋）。人体内的蛋白质和 DNA 是由众多氨基酸和核苷酸组成的，因此，人体内的蛋白质和 DNA 都是手性的，这就造就了生物体内特殊的手性环境，这使得生物体对药物具有精确的手性识别能力。只有手性匹配时，药物才能发挥药效，误配就不能产生预期药效，甚至会产生危害。外消旋体拆分是获得手性物质的方法之一，可分为结晶拆分、化学拆分、生物拆分、色谱拆分、膜拆分和手性萃取拆分等方法。请查阅资料，举例说明结晶拆分和色谱拆分。

2. 吗啡为阿片受体激动剂，分子式为 $C_{17}H_{19}NO_3$，是临床上常用的麻醉剂，有极强的镇痛作用，多用于创伤、手术、烧伤等引起的剧痛，也用于心肌梗死引起的心绞痛，还可作为镇咳和止泻剂。吗啡最大的缺点是易成瘾，这使得吸食者无论从身体上还是心理上都会对吗啡产生严重的依赖性，造成毒物癖，从而对自身和社会均造成极大的危害。天然的吗啡具有左旋光性，左旋吗啡是由 5 个环稠合而成的刚性结构。请查阅资料，说明吗啡的镇痛作用和其立体结构的关系，以及如何科学地使用和合成药物。

〖拓展延伸〗

健康生活——拒绝工业生产的反式脂肪酸

脂肪酸是人体重要的必需营养素之一，基本结构是一条碳氢链，基本分子式为 $CH_3(CH_2)_nCOOH$，式中 n 的数目大部分为 2~24 个，基本上是偶数碳原子。脂肪酸碳氢链的一端为甲基（$-CH_3$）端，另一端为羧基（$-COOH$）端。按照羧酸的空间结构又分为顺式脂肪酸和反式脂肪酸。

天然不饱和脂肪酸大部分都是顺式脂肪酸，在植物油中存在较多，在高温之下容易变质，保存不当也很容易酸败，性质不稳定，不易引起人体的心血管疾病。反式脂肪酸也是不饱和脂肪酸的一种，利用氢化反应将脂肪酸的顺式结构改变之后，就成为反式脂肪酸。反式脂肪酸可变成半固体或固体状，较容易运输，性质也较稳定，不易变质。反式脂肪酸因为稳定性相对高，因此被应用于食品制作中。研究发现，反式脂肪酸容易导致心血管方面的疾病，对人体害处较大。

第五章

烃的含氧衍生物

〖学习引导〗

一、前置知识

1. 有机化合物根据碳原子的连接方式（碳的骨架）不同可分为开链化合物、碳环化合物和杂环化合物；分子中所有的碳原子之间均以碳碳单键（$-\overset{|}{\underset{|}{C}}-\overset{|}{\underset{|}{C}}-$）结合，碳原子的剩余价键都与氢原子相连的烃称为饱和烃（也称烷烃）；分子中含有碳碳双键（$>C=C<$）的链烃称为烯烃；分子中含有碳碳三键（$-C\equiv C-$）的链烃称为炔烃；烯烃和炔烃统称不饱和链烃。

2. 脂环烃是一类性质与脂肪烃（链烃）相类似的环烃，在自然界中，通常以五元环或六元环的形式存在，性质与对应的烷烃、烯烃（炔烃）相类似；芳香烃是指分子中含有 1 个或多个苯环的碳氢化合物，苯环上的氢原子被羟基取代所生成的化合物，称为苯的同系物。

3. 有机化合物分子中的某些原子或原子团被其他原子或原子团所取代的反应称为取代反应，卤代反应、硝化反应、磺化反应都属于取代反应。

4. 有机物分子不饱和键的 π 键断裂，加入其他原子或原子团的反应称为加成反应。加成产物中不稳定的 π 键转变成稳定的 σ 单键，即不饱和键变成饱和键。乙烯、乙炔使溴水褪色，乙烯水化法制乙醇，乙烯、乙炔与氢气、卤化氢、水加成等都属于加成反应。

5. 在有机化学中，得氧或失氢的反应属于氧化反应，得氢或失氧的反应属于还原反应。烃的燃烧都属于氧化反应。乙烯、乙炔使酸性高锰酸钾溶液褪色的反应也属于氧化反应。

6. 分子式相同但结构不同的现象称为同分异构现象，具有同分异构现象的有机物互称为同分异构体。

7. 与 1 个其他碳原子相连的碳原子称为伯碳原子，与 2 个其他碳原子相连的碳原子称为仲碳原子，与 3 个其他碳原子相连的碳原子称为叔碳原子，与 4 个其他碳原子相连的碳原子称为季碳原子。

二、重点概览

本章重点是从官能团的组成和成键方式上了解醇、酚、醚、醛、酮、醌、羧酸等物质的结构特点、分类和命名，理解羟基、醛基、羰基、羧基等官能团对物质宏观性质的决定作用；知道常见的醇、酚、醚、醛、酮、醌、羧酸等物质的性质和用途；了解醇、酚、醛、酮、羧酸等物质在生产、生活中的应用。

1. 醇和酚具有相同的官能团羟基（—OH）。羟基与饱和碳原子直接相连为醇，醇中的羟基称为醇羟基；羟基与苯环相连的为酚，酚中的羟基称为酚羟基。按照醇的结构特征，通常有三种分类方法：（1）根据烃基的种类，可分为脂肪醇、脂环醇、芳香醇；（2）根据羟基的数目分为一元醇、多元醇；（3）根据羟基所连的碳原子的类型分为伯醇、仲醇、叔醇。

2. 醇的化学性质较活泼，可以与活泼金属反应，以及发生脱水反应、氧化反应和酯化反应；酚有一定的酸性，可与三氯化铁发生显色反应，以及发生芳环上的取代反应和氧化反应。

3. 醛和酮又称为羰基化合物。羰基的碳原子和氢原子相连形成醛基，醛基和烃基组成的化合物称为醛（甲醛除外），醛基是醛的官能团，可简写成—CHO；羰基的碳原子分别与两个烃基相连组成的化合物称为酮，羰基（也称为酮基）是酮的官能团，可简写成—CO—。

4. 醛、酮的化学性质活泼，可以发生羰基的加成反应、加氢还原反应、α-氢的反应、氧化反应、与席夫试剂的显色反应。

5. 羧酸可以看成烃分子中的氢原子被羧基取代的化合物，羧基是羧酸的官能团，可简写成—COOH；羧酸具有酸性，是有机化合物中酸性最强的物质，可以发生酯化反应、酸酐生成反应、脱羧反应。

6. 羧酸分子中烃基上的氢原子被其他原子或基团取代后的化合物称为取代羧酸，取代羧酸包括卤代酸、羟基酸和酮酸等；羟基酸具有酸性，可以发生氧化反应、脱水反应；酮酸具有酸性，可以发生脱羧反应、还原反应。

三、难点释疑

1. 有机化学中氧化反应和还原反应有何特点？

在无机化学中学过的氧化还原反应是化学反应前后元素的化合价发生变化的一类反应,它的本质是在反应过程中发生了电子的得失或共用电子对的偏移。在反应中,化合价升高的物质,失去了电子,被氧化;化合价降低的物质,得到了电子,被还原。而在有机化学中不再看化合价的变化,而是将得氧或失氢的反应称为氧化反应,将得氢或失氧的反应称为还原反应。

常见的氧化反应有:有机物的燃烧的反应、与酸性高锰酸钾或酸性重铬酸钾的反应、银镜反应或与费林试剂的反应、羟基酸生成酮酸的反应、醇被氧化成醛的反应、醛被氧化成羧酸的反应。

常见的还原反应:醛和酮加氢还原生成醇的反应、酮酸被还原生成羟基酸的反应。

2. 有机化学中的脱水反应有何特点?

含氧有机物中的氧大多数是以羟基和羧基形式存在的,在一定条件下可以发生脱水反应。有机物的脱水反应分为分子内脱水和分子间脱水两种。

乙醇在浓硫酸作为催化剂和脱水剂的条件下,加热至 170 ℃保温,乙醇发生分子内脱水,主要产物为乙烯,实验室中就是利用该反应制备乙烯的;在同样的条件下,当加热至 140 ℃并保温,乙醇发生分子间脱水反应,主要产物为乙醚。因此在实验室制取乙烯时需要迅速将反应温度升高至 170 ℃,并保持这一温度。

在强脱水剂(如 P_2O_5)的作用下或加热条件下,羧酸分子发生羧基间脱水,可以生成酸酐。

羟基酸分子中既含有羧基又含有羟基,两个官能团之间相互作用,导致分子的热稳定性较差,遇热时就很容易脱水,而且因羟基位置不同,其脱水方式也不同。α－乳酸发生分子间脱水生成丙交酯,β－羟基丁酸发生分子内脱水生成 2–丁烯酸。

3. 什么是双官能团化合物?

分子中含有两种官能团的化合物称为双官能团化合物,卤代酸、羟基酸、酮酸等都属于双官能团化合物。由于分子中存在两个不同的官能团,双官能团化合物往往具有两个官能团所表现出的化合物的性质,如羟基酸既表现羧酸的性质又可以表现醇的性质。如果两个官能团距离较近,会发生相互作用,也会表现出特殊的化学性质,如 α－乳酸发生分子间脱水生成丙交酯。甲酸分子虽然组成简单,但从结构上看其分子中既含羧基又含醛基,所以甲酸是最小的双官能团化合物。甲酸酯和部分氨基酸等都是双官能团化合物。

4. 如何鉴别不同结构的醇?

醇的羟基可以被氢卤酸中的卤原子取代,生成卤代烃和水,该反应的速率取决于氢卤酸的性质和醇的结构。不同的氢卤酸的反应活性顺序为 HI>HBr>HCl;不同结构醇的反应活性顺序为:叔醇>仲醇>伯醇。用浓盐酸与无水氯化锌配制成混合溶液(称为卢卡斯试剂),分别加入不同的醇中,利用反应速率的显著差异(即生成的卤代烃不溶于水而使溶液变浑浊的快慢不同),进行低级伯醇、仲醇、叔醇的鉴定。因高级醇本身难溶于水,此反应不能用于鉴别超过 6 个碳原子的醇。

5. 烯烃、醛(酮)都易发生加成反应，二者有何区别？

烯烃与 X_2、HX 等发生的加成反应属于亲电加成反应，而醛(酮)与 HCN、氨的衍生物等发生的加成反应是亲核加成反应。两种反应的过程不同。

烯烃分子的碳碳双键是非极性或弱极性不饱和键，π 电子云分布在双键所在平面的上下方，易受亲电试剂的进攻，所以易发生亲电加成反应。醛(酮)分子的羰基是极性不饱和键，由于氧的电负性较大，π 电子云偏向氧原子，使碳原子带有部分正电荷，易受亲核试剂的进攻，因而易发生亲核加成反应。

6. 为什么醛能被托伦试剂、费林试剂等弱氧化剂氧化？

醛分子中羰基上的氢原子比较活泼，非常容易被氧化。醛不仅容易被强氧化剂氧化，还能被弱氧化剂如托伦试剂、费林试剂等氧化。如室温条件下，乙醛可以使酸性 $KMnO_4$、$K_2Cr_2O_7$ 溶液褪色；水浴加热时，乙醛能发生银镜反应和费林反应。相比之下，伯醇和仲醇只能被强氧化剂氧化，而不能被托伦试剂、费林试剂等弱氧化剂氧化；酮在同等条件下均不被氧化。

7. 如何用席夫试剂鉴别甲醛、其他醛和酮？

席夫试剂也称品红亚硫酸试剂，红色的品红水溶液通入二氧化硫后红色褪去的无色溶液即为席夫试剂。席夫试剂与醛作用立即由无色变为紫红色，而酮无此反应，常用该反应鉴定醛是否存在，也可用来鉴别醛和酮。席夫试剂与甲醛作用生成的紫红色物质加入硫酸，紫红色不消失；与其他醛生成的紫红色物质加入硫酸后褪色，可通过此方法鉴别甲醛和其他醛。

8. 无机酸酯和有机酸酯形成时的区别是什么？

无机酸酯是醇和无机含氧酸发生分子间脱水而得的，有机酸酯是醇与羧酸在浓硫酸作用下发生分子间脱水而得的。虽然都有醇参与反应，但反应时醇分子发生断裂的部位不同。醇生成无机酸酯时，发生碳氧键的断裂，反应活性是叔醇 > 仲醇 > 伯醇 > 甲醇；醇生成有机酸酯时，发生氧氢键的断裂(叔醇例外)，反应活性是甲醇 > 伯醇 > 仲醇。

〖能力提升〗

1. 有一种有机化合物的键线式酷似牛的形状，因此该有机化合物被称为牛式二烯炔醇。牛式二烯炔醇是无色或白色固体，密度小于水、可微溶于热水，能溶于乙醇、乙醚等有机溶剂，易溶于油脂，有一定毒性，对皮肤有刺激性，易燃。请结合牛式二烯炔醇的键线式，回答下列问题。

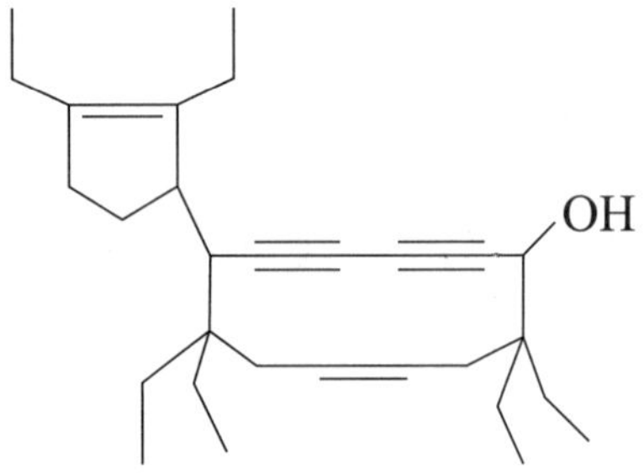

（1）牛式二烯炔醇含有______种官能团，属于不饱和______类。

（2）牛式二烯炔醇含有______个手性碳原子，与氢气完全加成反应后含有______个手性碳原子。

（3）1 mol 牛式二烯炔醇最多可与______mol 的 H_2 发生加成反应。

（4）从牛式二烯炔醇的结构上推测，该化合物既能发生______反应、______反应、______反应，还可发生催化氧化反应，生成______________。

（5）由结构简式可知牛式二烯炔醇的分子式为______。

2. 山柰酚 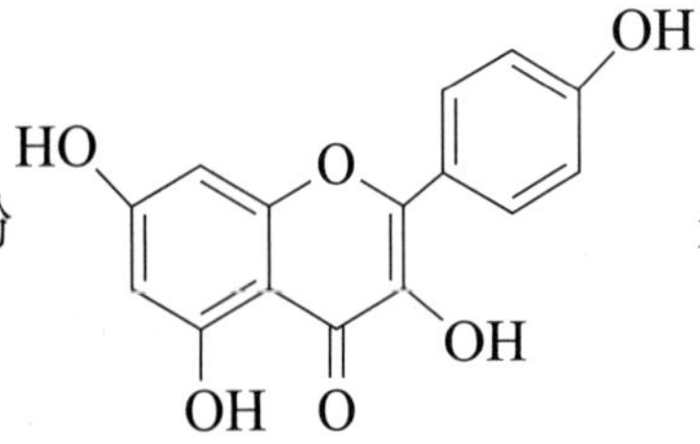

是中药柴胡的药物成分之一，是常见的黄酮类化合物。请根据其结构式回答下列问题。

（1）由山柰酚的结构简式可知，其分子式为______。

（2）山柰酚结构中含有苯环、>C=O、>C=C<，均可发生______反应。

（3）山柰酚结构式中苯环的化学键是介于______与______之间特殊的化学键，不是单双键交替的结构。

（4）山柰酚含有多个______羟基，可与 NaOH 溶液反应，生成能溶于水的物质。

3. 茉莉醛具有浓郁的茉莉花香，广泛应用于各类香精的制作。其结构简式为：

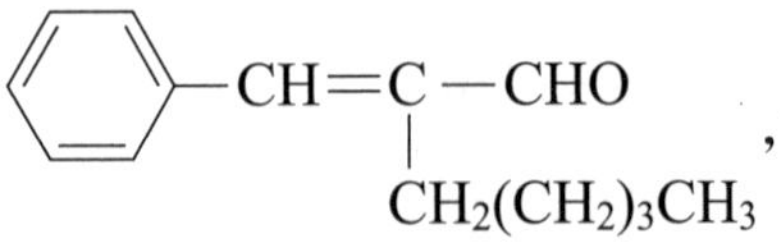

，请回答下列问题。

（1）在加热和催化剂存在下，茉莉醛能与氢气发生______反应和______反应。

（2）茉莉醛能使酸性高锰酸钾溶液______，该反应是______反应。

（3）茉莉醛在一定条件下可与溴水发生______反应和______反应。

（4）茉莉醛的分子式为______。

4. 绿原酸是金银花的主要抗菌、抗病毒的有效药理成分之一。绿原酸半水合物为针状结晶，在 110 ℃变为无水化合物。在 25 ℃水中溶解度为 4%，在热水中的溶解度更大，易溶于乙醇及丙酮，极微溶于醋酸乙酯。绿原酸的结构简式如下，请回答下列问题。

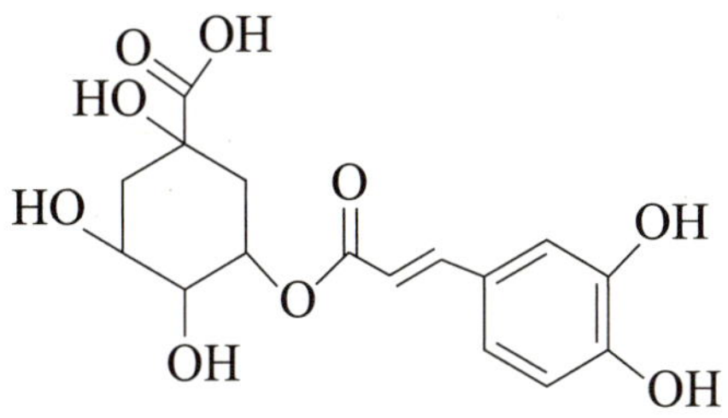

（1）绿原酸最多有______个碳原子共面。

（2）1 mol 绿原酸最多可与______mol 的 NaOH 反应。

（3）绿原酸分子中含有______基，因此能与 $NaHCO_3$ 反应，产生______。

（4）绿原酸能发生______反应、______反应、______反应。

（5）绿原酸的分子式为______。

〖素养养成〗

一、强化基础

（一）填空题

1. 醇和酚具有的相同的官能团是________，羟基与饱和碳原子直接相连构成的化合物为________，醇中的羟基称为________；羟基直接与苯环直接相连构成的化合物为________，酚中的羟基称为________。

2. 醇根据烃基的种类不同可以分为________、________、________；根据羟基的数目不同可以分为________、________；根据羟基所连的碳原子的类型不同可以分为________、________、________。

3. 乙醇在浓硫酸作用下，加热至 170 ℃发生________脱水，生成的物质是________；加热至 140 ℃发生________脱水，生成的物质是________。浓硫酸在反应中是________和________。

4. 醇与有机酸发生酯化反应的实质是有机酸脱去羧基上的______与醇脱去羟基上的________结合，生成水。

5. 酚类化合物按照酚羟基的数目不同可以分为________、________、________。

6. 甲苯酚有三种同分异构体，即 2–甲苯酚、3–甲苯酚、4–甲苯酚，它们的结构式分别为________、________、________，按普通命名法分别命名为________、________、________。

7. 苯酚能够与 NaOH 反应，说明苯酚具有________性，苯酚钠能够与 CO_2 和 H_2O 反应生成苯酚,说明苯酚的酸性比碳酸________。

8. 醚的结构可用通式(Ar)R—O—R′(Ar′)表示,式中的两个烃基相同的化合物称为________,式中的两个烃基不同的化合物称为________,其中—O—称为________,是醚的官能团。

9. 醛的官能团称为________,结构式为________,可简写为________。酮的官能团称为________(也称为酮基),结构式为________,可简写为________。

10. 托伦试剂又称为________,学名为氢氧化二氨合银。醛类物质可以与托伦试剂反应被氧化为酸,同时银的配离子被还原成________,附在试管内壁上形成银镜,称为________反应。利用该反应可鉴别醛和酮。

11. 常见的芳香族化合物有苯、萘、蒽。醌可以看作不饱和环二酮,为一个共轭体系,醌的官能团为________,其结构式为________,根据其骨架不同可分为________、________、________。

12. 羧酸的官能团称为________,结构式为________可简写为________。按照羧基的数目不同,羧酸可以分为________、二元酸、________。

13. 通过乙酸可以与 $NaHCO_3$ 反应生成乙酸钠、CO_2 和 H_2O,苯酚钠可以与 CO_2 和 H_2O 反应生成苯酚,可知乙酸、苯酚、碳酸的酸性强弱排序为:________>________>________。

14. 根据取代原子或原子团的不同,取代羧酸可以分为________、________、________。

15. 羟基酸是分子中分别含有________的羧酸。羟基连接在脂肪烃基上的羟基酸称为________,羟基连接在苯环上的羟基酸称为________。

16. 分子中含有羧基和________两种官能团的化合物称为酮酸,根据酮基和羧基的相对位置不同,酮酸可分为________、________、________等。

17. 甲酸俗称________,是最小的双官能团化合物,甲酸分子中既含有________基又含有________基。

18. 丙三醇俗称________,其结构简式为________。

19. 乙二酸俗称________,其结构简式为________。

20. 醇、酚、醛、酮、羧酸都由 C、H、O 三种元素组成,可以看作烃基被羟基、醛基、羰基、羧基取代的产物,统称为____________________。

(二)选择题

1. 已知某些饱和一元醇的沸点(℃)(表 5-1):

表 5-1

物质	甲醇	1-丙醇	1-戊醇	1-庚醇	醇 X
沸点	65 ℃	97.4 ℃	138 ℃	176 ℃	117 ℃

则醇 X 可能是(　　)。

A. 乙醇　　B. 丁醇　　C. 己醇　　D. 辛醇

2. 下列物质中，只用水就能鉴别的一组物质是（　　）。

A. 苯、乙醇、四氯化碳　　B. 乙醇、乙酸、乙烷

C. 乙二醇、甘油、溴乙烷　　D. 苯、己烷、甲苯

3. 下列乙醇的化学性质不是由羟基决定的是（　　）。

A. 与金属钠反应

B. 在足量氧气中完全燃烧生成 CO_2 和 H_2O

C. 在浓硫酸存在时发生消去反应，生成乙烯

D. 在银或铜存在时与 O_2 发生反应，生成乙醛和水

4. 某化学反应过程如图 5–1 所示。下列说法正确的是（　　）。

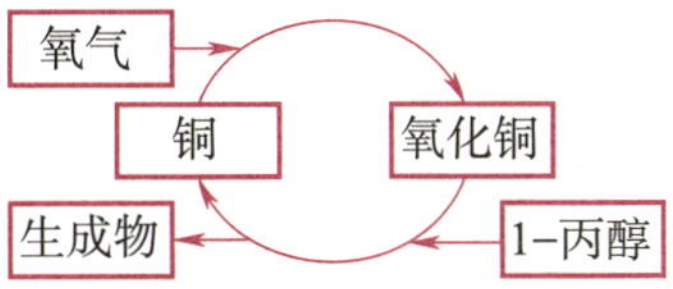

图 5–1

A. 生成物是丙醛和丙酮　　B. 1–丙醇发生了取代反应

C. 反应中有红黑颜色交替变化的现象　　D. 醇类都能发生图示的催化氧化反应

5. 在一定条件下，下列物质可以与有机化合物 $CH_2=CH-C(CH_3)(CH_2Cl)-CH_2OH$ 反应的是（　　）。

① 酸性 $KMnO_4$ 溶液　② NaOH 溶液　③ KOH 的乙醇溶液　④ Na　⑤ CuO

A. ①②④　　B. ①③④　　C. ①②④⑤　　D. 全部

6. 下列关于实验室制取乙烯的说法不正确的是（　　）。

A. 温度计插入反应物液面以下　　B. 加热时要注意使温度缓慢上升至 170 ℃

C. 反应过程中溶液的颜色会逐渐变黑　　D. 生成的乙烯中混有具有刺激性气味的气体

7. 分子式为 $C_8H_{10}O$ 的某芳香族化合物具有多种结构，其中能氧化成醛的有（　　）。

A. 2 种　　B. 4 种　　C. 5 种　　D. 6 种

8. 薄荷是常用中药之一，从薄荷中提取的薄荷醇可制成药物。薄荷醇的结构简式如下，下列说法正确的是（　　）。

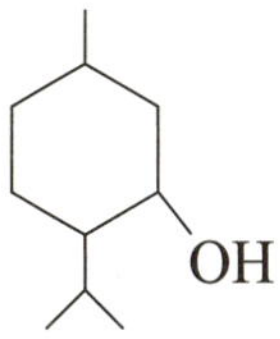

A. 薄荷醇的分子式为 $C_{10}H_{20}O$，它是环己醇的同系物

B. 薄荷醇的分子中至少有 12 个原子处于同一平面

C. 薄荷醇在 Cu 或 Ag 作催化剂并加热的条件下能被 O_2 氧化为醛

D. 在一定条件下，薄荷醇能发生取代反应、消去反应和加聚反应

9. 能证明苯酚具有弱酸性的实验是（　　）。

A. 将苯酚加入浓溴水生成白色沉淀

B. 苯酚钠溶液中通入 CO_2 后，溶液由澄清变浑浊

C. 浑浊的苯酚加热后变澄清

D. 苯酚可以溶入氢氧化钠溶液

10. 下列说法正确的是（　　）。

A. 苯酚是粉红色晶体

B. 苯酚能与 $NaHCO_3$ 溶液反应产生 CO_2 气体

C. 苯酚和环己醇可用 $FeCl_3$ 溶液来鉴别

D. 向苯酚钠溶液中通入足量 CO_2，再经过滤可得到苯酚

11. 下列叙述正确的是（　　）。

A. 苯酚分子中由于羟基对苯环的影响，苯环上 5 个氢原子都容易被取代

B. 苯酚有毒，其浓溶液如果不慎沾到皮肤上，应立即用 70 ℃以上的热水清洗

C. 苯酚在水中能解离出 H^+，故其属于有机羧酸

D. 茶叶中含有的酚可用于制备食品防腐剂

12. 下列物质中，与 NaOH 溶液、金属钠、饱和溴水均能发生反应的是（　　）。

A. 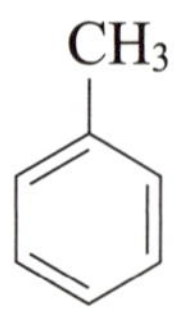

B. 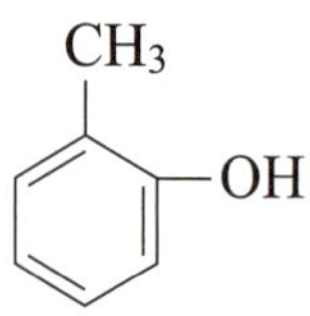

C. 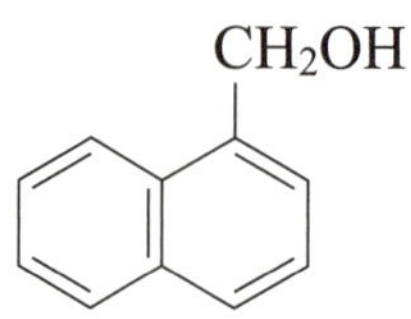

D. 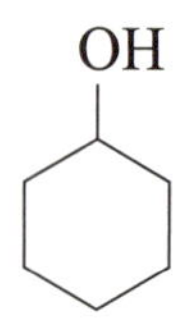

13. 下列试剂能鉴别苯酚溶液、戊烯、己烷、乙醇四种液体的是（　　）。

A. 溴水

B. 新制 $Cu(OH)_2$ 悬浊液

C. NaOH 溶液

D. 水

14. 表 5-2 中对化学反应发生的原因解释不正确的是（　　）。

表 5-2

选项	反应	原因
A		苯环使羟基变得活泼
B	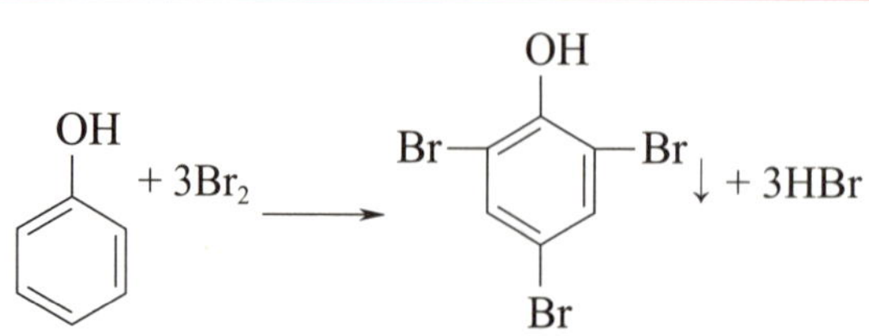	羟基使苯环变得活泼

续表

选项	反应	原因
C	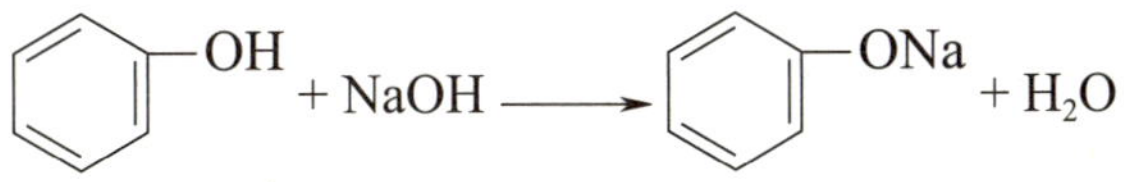	苯环使羟基变得活泼
D	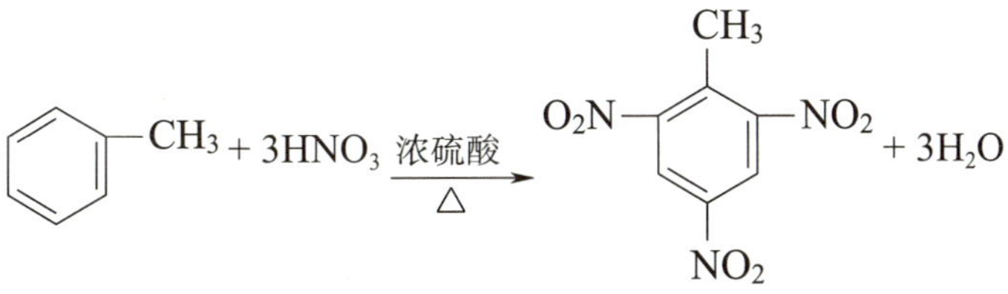	甲基使苯环变得活泼

15. 丁香酚可用于制备杀虫剂和防腐剂，其结构简式如下。下列说法不正确的是（　　）。

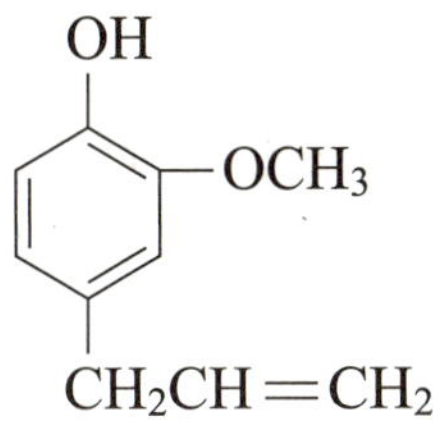

A. 丁香酚的分子式为 $C_{10}H_{12}O_2$

B. 丁香酚分子中含有两种含氧官能团

C. 1 mol 丁香酚与足量氢气发生加成反应时，最多能消耗 4 mol 的 H_2

D. 丁香酚能使酸性 $KMnO_4$ 溶液褪色，可证明其分子中含有碳碳双键

16. 下列反应属于有机化合物被还原的是（　　）。

A. 乙醛发生银镜反应

B. 新制的 $Cu(OH)_2$ 悬浊液与乙醛反应

C. 乙醛加氢制乙醇

D. 乙醛制乙酸

17. 下列各组物质中既不是同系物也不是同分异构体的是（　　）

A. 甲醛、丁醛　　B. 丙酮、丙醛

C. 乙醛、丙酮　　D. 苯甲醛、对甲基苯甲醛

18. 某有机化合物的化学式为 $C_5H_{10}O$，能发生银镜反应和加成反应。若它与 H_2 发生加成反应，所得产物的结构简式可能是（　　）。

A. $(CH_3)_3COH$　　B. $(CH_3CH_2)_2CHOH$

C. $CH_3(CH_2)_3CH_2OH$　　D. $CH_3CH_2C(CH_3)_2OH$

19. 将化合物 H_3C-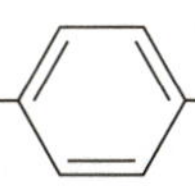$-CH=CHCHO$ 氧化为 H_3C-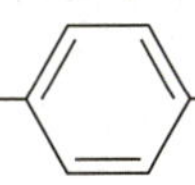$-CH=CHCOOH$，选用下列哪个氧化剂最合理（　　）。

A. O_2　　　　B. 酸性 $KMnO_4$ 溶液

C. 银氨溶液　　　　D. 溴水

20. 已知甲、乙、丙、丁四种有机化合物的转化关系如图 5-2 所示。其中甲、乙、丁均能发生银镜反应，则甲为(　　)。

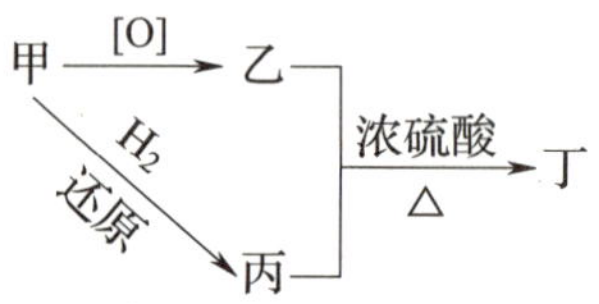

图 5-2

A. 甲醇　　B. 甲醛　　C. 甲酸　　D. 乙醛

21. 下列叙述正确的是(　　)。

A. 乙醛和丙烯醛(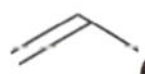CHO)不是同系物，它们分别与足量氢气发生加成反应后的产物也不是同系物

B. 对甲基苯甲醛(CH_3—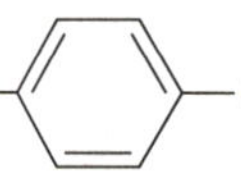—CHO)可使酸性高锰酸钾溶液褪色，说明它含有醛基

C. 1 mol HCHO 发生银镜反应，最多生成 2 mol Ag

D. 苯酚发生还原反应后的产物是酮类化合物

22. 下列各化合物中，能发生酯化、还原、加成、消去四种反应的是(　　)。

A. $CH_3-\underset{\underset{\displaystyle OH}{|}}{CH}-CH_2-CHO$　　B. $CH_3-\underset{\underset{\displaystyle OH}{|}}{CH}-\underset{\underset{\displaystyle OH}{|}}{CH}-CH_3$

C. $CH_3-CH=CH-CHO$　　D. $HOCH_2-\underset{\underset{\displaystyle O}{\|}}{C}-CH_2-CHO$

23. 等物质的量浓度的下列稀溶液：①乙醇、②苯酚、③碳酸、④乙酸，它们的 pH 由大到小排列正确的是(　　)。

A. ①②③④　　B. ③①②④

C. ④②③①　　D. ①③②④

24. 山梨酸($CH_3-CH=CH-CH=CH-COOH$)和苯甲酸(C_6H_5COOH)都是常用的食品防腐剂。下列物质中只能与其中一种酸发生反应的是(　　)。

A. 金属钠　　B. 氢氧化钠　　C. 溴水　　D. 乙醇

25. 下列过程中所发生的化学反应属于取代反应的是(　　)。

① 乙酸与乙醇反应生成乙酸乙酯

② 乙烯通入溴水中

③ 在镍作催化剂的条件下，苯与氢气反应

④ 苯与液溴混合后加入 $FeBr_3$

A. ①②　　B. ①③　　C. ②④　　D. ①④

26. 分子式为 $C_6H_{12}O_2$，能与 $NaHCO_3$ 溶液反应生成 CO_2 的有机化合物有（　　）。

A. 4 种　　B. 6 种　　C. 7 种　　D. 8 种

27. 丙烯酸可与水反应生成乳酸，化学方程式如下。下列说法不正确的是（　　）。

$$CH_2=CH-COOH+H_2O\xrightarrow{\text{一定条件}}CH_3-\underset{\underset{\displaystyle OH}{|}}{CH}-COOH$$

A. 该反应为加成反应，没有副产物生成

B. 可用 Br_2 的 CCl_4 溶液鉴别丙烯酸和乳酸

C. 丙烯酸与乳酸都属于有机酸，都能与乙醇发生反应

D. 1 mol 乳酸分别与足量 Na、NaOH、$NaHCO_3$ 反应，消耗三者的物质的量之比为 2∶1∶1

28. 借助表 5-3 提供的信息，可以判断在实验室制备乙酸丁酯所采取的措施不正确的是（　　）。

表 5-3

物质	乙酸	1-丁醇	乙酸丁酯
沸点	117.9 ℃	117.2 ℃	126.3 ℃

A. 用饱和 Na_2CO_3 溶液洗涤产物后分液

B. 使用浓硫酸作催化剂

C. 采用水浴加热法加热

D. 使用冷凝回流加分水器的方式提高产率

29. 巴豆酸的结构简式为 $CH_3CH=CHCOOH$。现有① HCl、②溴的四氯化碳溶液、③纯碱溶液、④ 2-丁醇、⑤酸性 $KMnO_4$ 溶液，根据巴豆酸的结构特点，判断在一定条件下能与巴豆酸反应的物质是（　　）。

A. ②④⑤　　B. ①③④　　C. ①②③④　　D. ①②③④⑤

30. 某有机化合物能与新制的氢氧化铜反应生成砖红色沉淀，该有机物的分子量为 44。燃烧该有机物 2.2 g，生成 2.24 L（已换算成标准状态下的体积）二氧化碳。下列说法不正确的是（　　）。

A. 该有机物是乙醛

B. 1 mol 该有机物能够和 1 mol 氢气发生加成反应

C. 燃烧该有机物 4.4 g，生成 1.8 g 水

D. 0.01 mol 该有机物与足量银氨溶液充分反应，析出金属银 2.16 g

（三）判断题

1. 乙酸是一种无害的有机酸。（　　）

2. 乙醇可以用于制作饮料和消毒剂。(　　)

3. 甲苯酚和苯甲醇互为同分异构体。(　　)

4. 丁醛和甲醛互为同系物。(　　)

5. 丙酮是一种无色、无味、无毒的固体。(　　)

6. 乙二醇和乙醇互为同分异构体。(　　)

7. 甘油是一种无色、无味的液体。(　　)

8. 碳原子个数相同的脂肪族醛和酮互为同分异构体。(　　)

9. 可以使用托伦试剂鉴别甲醛和甲酸。(　　)

10. 可以使用费林试剂鉴别乙醛和苯甲醛。(　　)

11. 可以使用席夫试剂鉴别甲醛和乙醛。(　　)

12. 乙酸可以与 $NaHCO_3$ 反应生成乙酸钠、CO_2 和 H_2O,说明乙酸的酸性比碳酸弱。(　　)

13. 相同碳原子的醇酸和酮酸在一定条件下可以相互转化。(　　)

14. 在实验室制取乙烯时,要在通风良好的环境下进行,并且使反应温度尽快到达 170 ℃。(　　)

15. 醌类化合物大多具有颜色,常用作色素、染料和酸碱指示剂。(　　)

16. 苯醌有邻苯醌、间苯醌、对苯醌三种同分异构体。(　　)

17. 等物质的量的苯和苯酚,在一定条件下与溴反应,所消耗的溴的物质的量相等。(　　)

18. 根据羟基所连的碳原子的类型不同,分为伯醇、仲醇、叔醇、季醇。(　　)

19. 乙醇、乙酸、苯酚均可与氢氧化钠溶液反应。(　　)

20. 乙醇、乙酸都可以与金属钠反应。(　　)

(四)名词解释

1. 烃的含氧衍生物

2. 醇

3. 酚

4. 酯化反应

5. 醚

6. 醛

7. 酮

8. 羧酸

9. 脱羧反应

10. 取代羧酸

11. 羟基酸

12. 酮酸

（五）简答题

1. 实验室可用酒精、浓硫酸作试剂来制取乙烯，但会发生许多副反应，如反应中会生成 SO_2、CO_2、水蒸气等无机物。某学习小组欲用如图 5-3 所示的装置制备纯净的乙烯，并探究乙烯与单质溴能否反应。回答下列问题：

（1）写出制备乙烯的化学方程式：____。

实验中，混合浓硫酸与酒精的方法是将________慢慢加入另一种物质中；加热 F 装置时必须使液体温度____________________。

（2）写出浓硫酸与酒精直接反应生成 SO_2、CO_2 等无机物的化学方程式：______________。

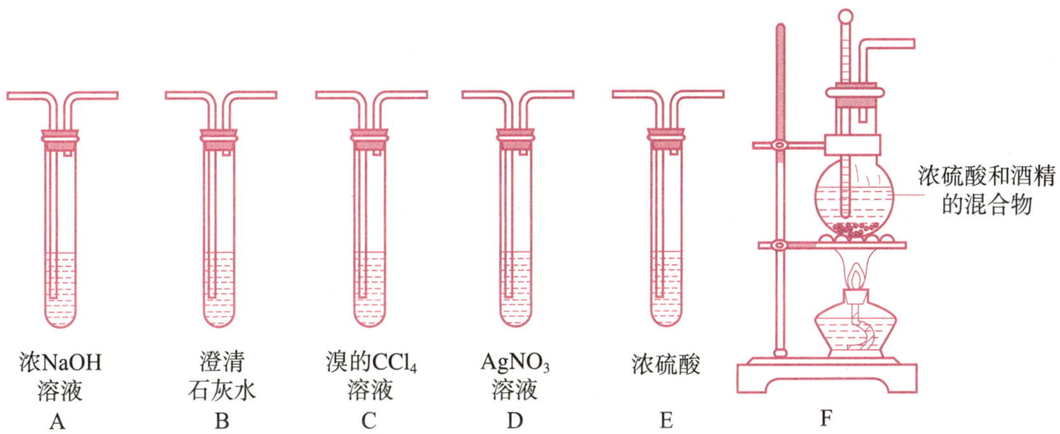

图 5-3

（3）为实现上述实验目的，装置的连接顺序为 F→____________→D（各装置限用一次）。

（4）当 C 中观察到________时，表明单质溴能与乙烯反应；当 D 中__________时，表明 C 中发生的是取代反应；若 D 中没有出现前面所描述的现象，表明 C 中发生的是__________反应。

2. 含苯酚的工业废水处理的流程如图 5-4 所示。

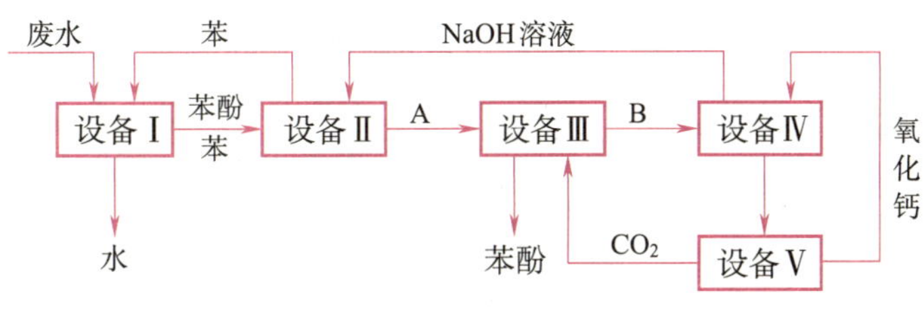

图 5-4

（1）上述流程中，设备Ⅰ中进行的操作是__________（填写操作名称）。实验室里这一步操作可以用__________（填写仪器名称）进行。

（2）由设备Ⅱ进入设备Ⅲ的物质 A 是__________，由设备Ⅲ进入设备Ⅳ的物质 B 是

______。

（3）在设备Ⅲ中发生反应的化学方程式为：______________________________。

（4）在设备Ⅳ中，物质B的水溶液和CaO反应后，产物是NaOH、H_2O和__________。通过__________（填操作名称）操作，可以使产物相互分离。

3. 肉桂中含有肉桂醛，肉桂醛是一种食用香精，它广泛用于牙膏、洗涤剂、糖果及调味品中。工业上可通过下列反应制备肉桂醛（B）：

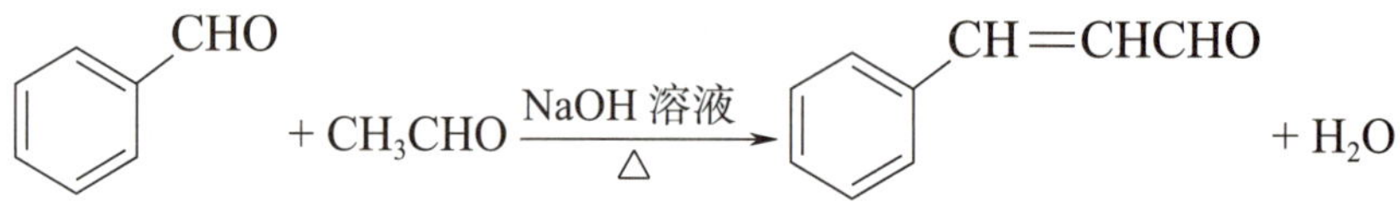

A　　　　　　　　　　B

（1）请推测B侧链上可能发生反应的类型：______________（任填两种）。

（2）请写出两分子乙醛在上述条件下反应的化学方程式：

____。

（3）如何利用化学试剂区分A和B？

____。

4. 乙烯是一种重要的化工原料，以乙烯为原料生产部分化工产品的反应如图5-5所示（部分反应条件已略去）：

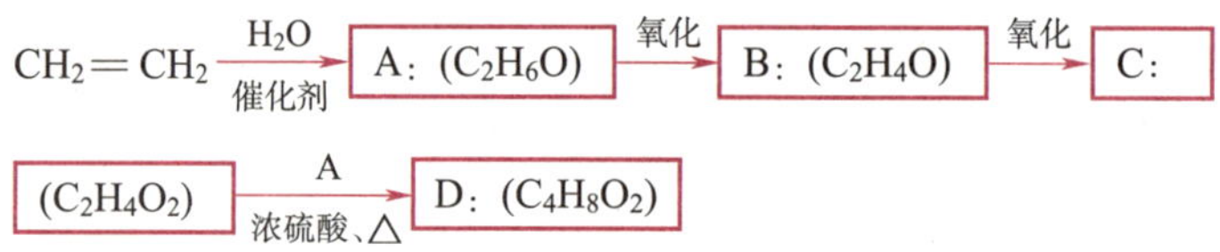

图 5-5

请回答下列问题：

（1）A的化学名称是______________。

（2）C和A反应生成D的化学方程式为______________，该反应的类型为______________。

（3）A的官能团为______________。（填写名称和结构简式）

（4）C的官能团为______________。（填写名称和结构简式）

（5）B的同分异构体的结构简式为__________、__________。

5. 化学式为$C_8H_{10}O$的化合物A具有如下性质：

① 加入Na→慢慢产生气泡；

② $A+RCOOH \xrightarrow[\triangle]{浓\ H_2SO_4}$ 有香味的产物；

③ $A \xrightarrow{KMnO_4/H^+}$ 苯甲酸；

④ 其催化脱氢产物不能发生银镜反应；

⑤ 其发生脱水反应的产物，经聚合反应可制得一种塑料制品（目前“白色污染”的主要来源之一）。

试回答：

（1）根据上述信息，对该化合物的结构可作出的判断是（ ）。（多选题）

A. 苯环上直接连羟基　　B. 一定有醇羟基

C. 苯环侧链末端连有甲基　　D. 一定是芳香烃

（2）化合物 A 的结构简式为：________。

（3）A 和金属钠反应的化学方程式为：________。

（六）计算题

1. 某饱和一元醇 0.3 g，跟足量的钠起反应后，生成 56 mL 的 H_2（标准状态下），求这种一元醇的分子式和分子量，并写出这种一元醇可能有的各种同分异构体的结构简式。

2. 某种酯的蒸气密度是空气的 3.04 倍，2.2 g 这种酯燃烧后得到 1.8 g 水及 2.24 L 二氧化碳（标准状态下），求它的分子式和分子量。

3. 某液态醇的蒸气密度是相同状态下的氢气的 23 倍，4.6 g 这种醇完全燃烧时生成 8.8 g 的 CO_2 和 5.4 g 的 H_2O。试通过计算写出这种醇的结构简式。

4. 有机物 A 和 B 都含 C 40%，H 6.7%，O 53.3%（均为质量分数）。在标准状态下，A 的蒸气密度为 1.34 g/L。B 的分子量是 60。A 易溶于水，其水溶液能发生银镜反应。B 的溶液显酸性。试写出 A、B 的结构简式。

5. 三种饱和一元醇，其分子量之比为 8 : 22 : 29，将它们按物质的量之比 1 : 2 : 1 混合，取混合液 16.2 g 与足量的金属钠反应生成 2.24 L 氢气（标准状态下），求：① 三种醇的分子量；② 三种醇的分子式。

6. A 是饱和一元醇，B 是饱和二元醇，两种醇的分子含碳原子的数目相同，且都小于 4。在 5.4 g 由 A 和 B 组成的混合液中加入足量金属钠，在标准状态下产生 1.68 L 氢气。试写出 A、B 的结构简式并计算混合液中 A 的质量。

7. 3.2 g 某有机物完全燃烧，得到 4.4 g 二氧化碳和 3.6 g 水。此有机物的蒸汽对氢气的相对密度为 16，该有机物与金属钠反应产生氢气。求该有机物的分子式和结构简式。

8. 由碳、氢、氧三种元素组成的有机物，每个分子由 12 个原子组成，各原子核内的质子数之和为 34，完全燃烧 2 mol 该有机物生成二氧化碳和水时，需氧气 9 mol，求该有机物的分子式和结构简式。

9. 向乙酸与乙醇的混合液中加入少量浓硫酸并反应一段时间，得到乙酸乙酯 8.8 g。向反应后的溶液中加入足量的 $BaCl_2$ 溶液，并过滤，将所得白色沉淀物烘干，称重为 2.33 g。然后向滤液中逐滴加入 1 mol/L Na_2CO_3 溶液，当加入 16 mL 时溶液呈中性，计算乙酸的转化率。

10. 0.2 mol 某有机物和 0.4 mol O_2，在密闭容器中燃烧后，产物为 CO_2、CO 和 H_2O。产物经过

浓硫酸后，浓硫酸增重 10.8 g，通过灼热的 CuO 充分反应，使 CuO 失重 3.2 g，最后通过碱石灰，碱石灰增重 17.6 g。同量的该有机物与 9.2 g 钠恰好完全反应。计算并回答：① 写出该有机物的结构简式和名称；② 写出该有机物的两种主要用途。

二、实践探究

肉桂醛（分子式为 C_9H_8O）是一种醛类有机化合物，为黄色黏稠状液体，大量存在于肉桂等植物体内，天然存在于斯里兰卡肉桂油、桂皮油、藿香油、风信子油和玫瑰油等精油中。肉桂醛有顺式和反式两种异构体，现在商用的肉桂醛，无论是天然的或者是合成的，都是反式结构。其分子为一个丙烯醛连接一个苯基，因此被认为是一种丙烯醛衍生物。

已知两个醛分子在 NaOH 溶液作用下可以发生加成反应，生成一种羟基醛：

$$CH_3CHO + CH_3CHO \xrightarrow{OH^-} \underset{\displaystyle OH}{CH_3\underset{|}{C}HCH_2CHO}$$

肉桂醛 F 在工业上主要是按如下路线合成的（图 5-6）：

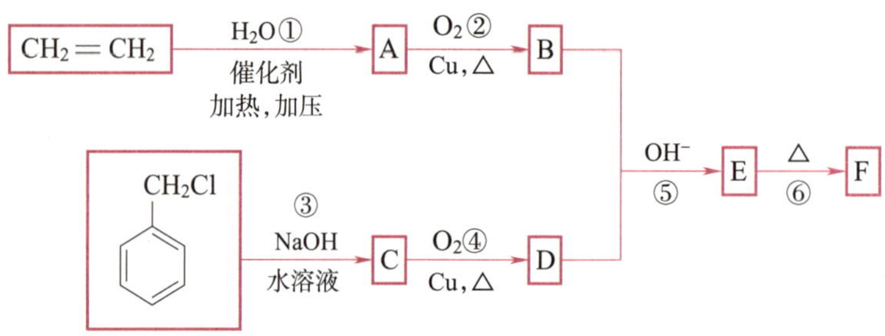

图 5-6

已知：反应⑥为含羟基的物质在浓硫酸催化作用下发生的分子内脱水的反应。反应⑤为碱性条件下发生的醛醛加成反应，请回答：

（1）肉桂醛 F 的结构简式为：____________。E 中含氧官能团的名称为：____________。

（2）写出下列转化的化学方程式：

② ____。

③ ____。

写出下列反应的类型：① ______________，④ ______________。

三、迁移应用

1. 硝酸甘油和硝酸异山梨酯

硝酸甘油（分子式为 $C_3H_5N_3O_9$）也称三硝酸甘油酯，一般用于治疗或预防心绞痛。硝酸甘油可直接松弛血管平滑肌，特别是小血管平滑肌，使周围血管舒张，外周阻力减小，回心血量减少，心排出量降低，心脏负荷减轻，心肌氧耗量减少，因而使心绞痛得到缓解。此外，也能促进侧支循环的形成。硝酸甘油对其他平滑肌也有松弛作用，可解除胆绞痛、幽门痉挛、肾绞痛等，但作用短暂，临床意义不大。

其结构式如下：

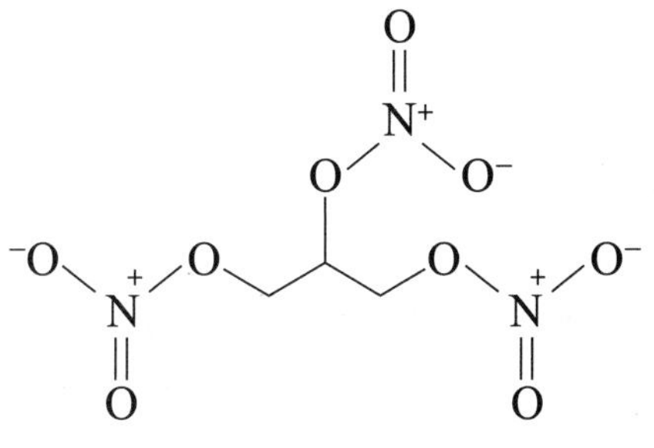

硝酸异山梨酯（分子式为 $C_6H_8N_2O_8$）是一种硝酸类血管扩张剂，用于治疗心绞痛、充血性心力衰竭和血管痉挛。硝酸异山梨酯被列入了世界卫生组织基本药物标准清单，是重要的基本健康药物之一。

其结构式如下：

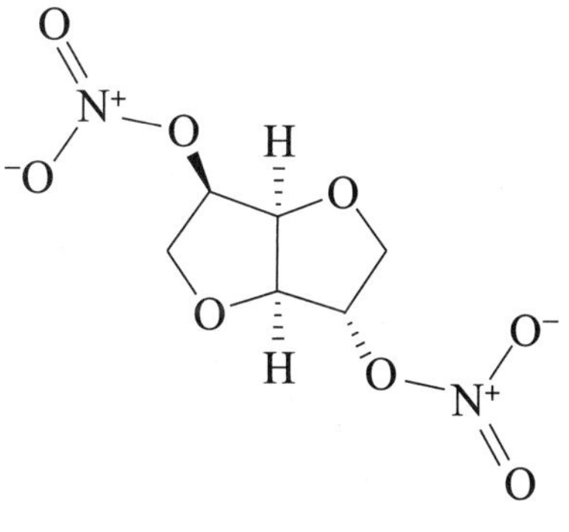

以上两种药物都是缓解心绞痛的常见药物，在医学上两种药物存在一定区别，主要是成分不同、作用时间不同、首关效应不同等。

（1）硝酸甘油和硝酸异山梨酯的成分不同。前者的主要成分为硝酸甘油，后者的主要成分为硝酸异山梨酯。

（2）作用时间不同。硝酸甘油舌下含服可在给药后 2~3 min 起效，5 min 可以达到最大效应。硝酸异山梨酯舌下含服约 5 min 起效。

（3）首关效应不同。硝酸甘油的生物利用度高，舌下含服能达到 80% 以上；硝酸异山梨酯首关效应比较明显，舌下含服生物利用度为 40%~60%。

请根据以上信息分析：合成以上两种物质的原料有哪些？合成过程中用到的反应原理和反应类型有哪些？

2. 苯甲酸钠和山梨酸钾

苯甲酸钠也称安息香酸钠，分子式为 $C_7H_5O_2Na$。苯甲酸钠是一种白色颗粒或晶体粉末，无臭或微带安息香气味，味微甜，有收敛味，分子量为 144.12，在空气中稳定，易溶于水，其水溶液的 pH 为 8，可溶于乙醇。

苯甲酸及其盐类是广谱抗微生物试剂，但它的抗菌有效性受 pH 的影响。随着介质酸度的增大其杀菌、抑菌效力增强，在碱性介质中则失去杀菌、抑菌作用。其防腐的最适 pH 为 2.5~4.0。其结构式如下：

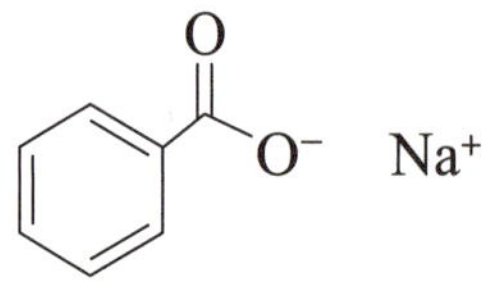

山梨酸钾，又名 2，4-己二烯酸钾，是山梨酸的钾盐，分子式为 $C_6H_7O_2K$，为无色或白色鳞片状结晶或结晶性粉末。无臭或微有臭味，长期暴露在空气中易吸潮、被氧化分解而变色。易溶于水（67.6 g/100 mL 20 ℃），溶于丙二醇（5.8 g/100 mL）和乙醇（0.3 g/10 mL）。山梨酸钾是常用的有机防腐剂，广泛用于食品、化妆品、饲料的防腐。易于被人体吸收代谢，在体内无残留，毒性很低。其结构式如下：

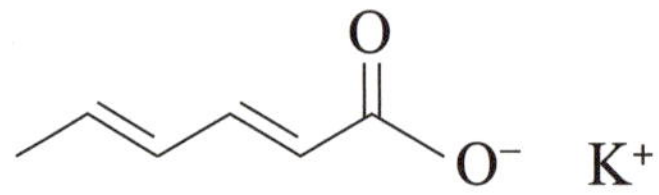

苯甲酸钠和山梨酸钾的主要区别在于两者的用途和毒性不同。

（1）用途不同　苯甲酸钠具有防止变质、酸化，延长保质期的作用，主要用作食品防腐剂，也可用于医药等。而山梨酸钾用途广泛，能抑制腐败菌和真菌的生长，常用于食品和饲料加工业，以及化妆品、香料、橡胶等行业，其在食品保鲜和饲料防腐中的应用最为广泛。

（2）毒性不同　山梨酸钾和苯甲酸钠都是食品防腐剂。如果过多进食添加苯甲酸钠的食品，可能导致机体产生中毒反应。山梨酸钾是一种人工合成的防腐剂，其毒性远低于其他防腐剂，且山梨酸钾的防腐能力是苯甲酸钠的 5~10 倍。

请开展市场调研，查找含有以上两种防腐剂的食品和饮料，并根据以上信息思考如何减少防腐剂的摄入，养成良好的饮食习惯。

〖拓展延伸〗

医用乙醇的消毒作用

一、乙醇的消毒原理

在乙醇的作用下，病原体蛋白质的空间结构发生改变，蛋白质发生不可逆的变性、凝固，导致结构蛋白和功能蛋白丧失活性，病原微生物遭受严重破坏。乙醇的主要作用有以下两个方面。

1. 破坏细菌的细胞壁

乙醇有较强的渗透作用，浓度为 60%~80% 的乙醇的渗透作用最强，可以渗透入病原体体内，破坏病原体的完整性，导致病原体裂解。浓度为 90% 的乙醇会使病原微生物表面的蛋白质较快凝固，在病原微生物表面形成一层保护壳，让乙醇不能进一步进入微生物内部，从而无法有效发挥乙醇的消毒作用。

2. 干扰微生物的酶系统

酶是各类生物正常生理活动和代谢必不可少的催化剂。研究表明，乙醇通过对病原体酶系统，特别是脱氢酶和氧化酶等的直接影响，阻碍病原体的正常代谢，抑制细菌生长繁殖。

二、正确使用医用乙醇

医院常用的乙醇包括 75% 和 95% 两个浓度。平常消毒用的是 75% 浓度的乙醇，常将其用于皮肤和医疗器械的消毒，值得注意的是，乙醇具有一定的刺激性，不可用于黏膜和大创面的消毒；95% 浓度的乙醇常用作燃料，用于各种酒精灯、酒精炉，也可用于病理组织切片的固定和脱水。

第六章

含氮有机物

〖学习引导〗

一、前置知识

1. 氮元素在元素周期表中的第 2 周期、VA 族；氮元素原子核外电子排布为 $1s^22s^22p^3$，氮元素原子最外层有 5 个电子，具有多种化合价；氮原子可以与碳原子和氢原子形成共价键；常见的氮的化合物有氨气和硝酸，氨气极易溶于水，氨水有碱性，铵盐易溶于水、易分解，硝酸属于强酸，具有强氧化性、不稳定性。

2. 有机化合物除含有碳、氢两种元素外，还含有卤素、氧、氮、硫、磷等元素；有机化合物绝大多数均以共价键的形式结合而成，可以形成链状或环状化合物，普遍存在同分异构现象。

3. 有机化合物的系统命名步骤主要有：(1) 选主链：选择某种条件下最长的碳链作为主链；(2) 给主链碳原子编号：满足某种条件，从一端开始给主链编号；(3) 命名：根据主链上碳原子的总数和所含官能团为化合物命名，取代基的位次与名称之间用短线隔开，必要时标出官能团的位置。

4. 酸碱可以发生中和反应，产生盐和水。

5. 酰基（$\overset{\displaystyle O}{\overset{\|}{-C-R}}$）是有机化学中常见的基团，与氨基（$-NH_2$）结合形成的化合物称为酰胺。

二、重点概览

1. 氨的烃基衍生物为胺，根据分子中氮原子直接相连的烃基种类不同分为脂肪胺和芳香胺；根据分子中氮原子连接的烃基数目不同分为伯胺、仲胺、叔胺。简单胺的命名：根据烃基称为“某胺”；复杂胺的命名：以烃基为母体，氨基作为取代基，母体名称前要标明取代基的位置及个数；季铵盐和季铵碱按无机化学的命名原则命名。

2. 胺具有碱性，各类胺的碱性强弱顺序为：季铵碱>脂肪仲胺>脂肪伯胺>脂肪叔胺>氨>芳香伯胺>芳香仲胺>芳香叔胺；伯胺、仲胺可与酰卤、酸酐发生酰化反应，叔胺不能发生酰化反应；伯胺、仲胺、叔胺均可与亚硝酸反应，但反应产物各不相同，根据不同的反应现象和产物可鉴别伯胺、仲胺、叔胺。

3. 酰胺是氨或胺分子中氮原子上的氢原子被酰基取代生成的化合物，属于羧酸衍生物；简单酰胺，根据氨基连接的酰基称为“某酰胺”，氮原子有取代基的称为“某酰某胺”或用“N–”表示取代基的位置；酰胺近中性，酰亚胺为弱酸性；酰胺能够发生水解反应，与亚硝酸反应产生氮气。

三、难点释疑

1. 如何理解脂肪族胺的碱性强弱顺序？

由于胺分子中氮原子能接受质子，所以胺具有碱性。其碱性的强弱主要受两个因素的影响，即氮原子上所连原子或基团的电子效应和氮原子周围的空间效应。

以甲胺、二甲胺、三甲胺为例说明脂肪胺的碱性强弱顺序。甲基为斥电子基，可使氮原子上的电子云密度增大，其接受质子的能力增强。所以甲胺、二甲胺、三甲胺的碱性均比氨要强。而且，氮原子上所连的甲基数目越多，其碱性越强。因此，二甲胺的碱性大于甲胺的碱性。对于三甲胺，氮原子上连有 3 个甲基，从电子效应的角度分析，碱性应强于二甲胺，但由于 3 个体积较大的甲基占据了氮原子周围的空间，使质子与氮原子结合的空间位阻增大，此时与电子效应作用相反的空间效应起主要作用，造成三甲胺的碱性大为减弱。综合以上分析，可以看出碱性强弱顺序为：二甲胺>甲胺>三甲胺>氨。

2. 鉴别伯胺、仲胺、叔胺的方法有几种？

有两种方法可以鉴别伯胺、仲胺、叔胺。① 在三种胺中分别加入苯磺酰氯，无固体生成的是叔胺，有固体生成的是伯胺和仲胺，在生成的两种固体物质中分别加入氢氧化钠溶液，固体溶解在氢氧化钠溶液中的原物质为伯胺，固体不溶解的原物质为仲胺；② 往三种溶液中分别加入亚硝酸钠和盐酸，有气体产生的是伯胺，有黄色物质产生的是仲胺，无明显变化的是叔胺。

3. 缩二脲反应有哪些特点？

缩二脲反应是一种重要的有机化学反应，经常被用于合成有机化合物。它是一种缩脲与另一种碳链（或其他有机分子）的反应。缩脲是一种双键有机分子，它由碳原子和氢原子组成。缩二脲反应利用了缩脲的空穴将另一种碳链（或其他有机分子）的空穴引导到缩脲上，使缩脲变成一种双键有机物。缩二脲反应生成一种新的有机合成物，其新生成的键一端连接到缩脲的一边，另一端则连接到先前的碳链（或其他有机分子）上。

〖能力提升〗

1. 苯胺又名氨基苯，化学式为 C_6H_7N，为无色油状液体，微溶于水，易溶于乙醇、乙醚等有机溶剂。苯胺主要用于制造染料、药物、树脂，还可以用作橡胶硫化促进剂等。请查阅资料，了解苯胺的结构式、用途和性质。

2. 亚硝胺是主要的化学致癌物之一。生成亚硝胺的前体物质亚硝酸盐、硝酸盐和胺类在食物中普遍存在。首先，亚硝酸盐作为食品添加剂，广泛用于肉制品中；同时作为一种良好的抑菌剂，在 pH 4.0~6.0 的范围内对金黄色葡萄球菌和肉毒梭菌的生长有抑制作用。其次，新鲜蔬菜含很少的亚硝酸盐，而某些蔬菜却含较多的硝酸盐，其在室温下存放，硝酸盐在细菌及酶的作用下可还原成亚硝酸盐。腌制蔬菜由于硝酸盐还原菌的作用可将硝酸盐转变为亚硝酸盐，当亚硝酸盐进入胃内，遇到蛋白质的分解产物胺类，胃中的酸性环境会促使两者发生反应，生成亚硝胺。请查阅资料，说明食品中硝酸盐转化为亚硝胺的条件、路径，分析如何减少人体内亚硝胺的合成量，了解我国《食品安全国家标准　食品添加剂使用标准》（GB 2760—2024）对食品中添加亚硝酸盐的规定。

3. 二甲基甲酰胺又名 N，N–二甲基甲酰胺，化学式为 C_3H_7NO，为无色透明液体。它既是一种用途极广的化工原料，也是一种优良的溶剂。在石油化学工业中，二甲基甲酰胺可用作气体吸收剂，用来分离和精制气体。在有机反应中，它也是有机合成的重要中间体，能与水及多数有机溶剂任意混合，对多种有机化合物和无机物均有良好的溶解能力，因此它在有机合成中被称为万能溶剂。请查阅资料，了解二甲基甲酰胺的制备方法、化学性质及用途，解释二甲基甲酰胺在强碱（如氢氧化钠）或强酸（如盐酸）存在的高温环境下不稳定的原因，并写出相应反应的化学方程式。

〖素养养成〗

一、强化基础

（一）填空题

1. 胺可以看作氨分子中的 ________ 部分或全部被 ________ 基取代的衍生物。

2. 根据分子中氮原子直接相连的烃基种类不同,胺可分为 ________ 胺和 ________ 胺。

3. 乙二胺($H_2NCH_2CH_2NH_2$)为无色透明液体,________ 水和醇,具有扩张血管的作用。它是制备 ________、________ 和 ________ 的原料。乙二胺的戊酸盐是治疗动脉硬化的药物。乙二胺与氯乙酸作用,生成乙二胺四乙酸,简称 EDTA,是重要的 ________。

4. 按氮原子所连烃基数目分析,环己胺属于 ________(填"伯胺"或"叔胺"),三甲胺属于 ________(填"伯胺"或"叔胺"),二苯胺属于 ________(填"伯胺"或"叔胺")。

5. 在分子中引入酰基($-\overset{\overset{\large O}{\|}}{C}-R$)的反应称为 ________ 反应。

6. 氮原子上连有 ________ 个烃基的化合物称为季铵化合物,季铵化合物可分为季铵 ________ 和季铵 ________。

7. 酰胺可以看作氨或者胺分子中氮原子上的氢原子被 ________ 取代生成的化合物,属于 ________ 衍生物。

8. 酰胺与酸或碱溶液共热时,都可以发生 ________ 反应。

9. 凡分子中含有 2 个或 2 个以上酰胺键($-\overset{\overset{\large O}{\|}}{C}-\overset{\overset{\large H}{|}}{N}-$,在蛋白质中称为肽键)结构的化合物都可以发生 ________ 反应。

10. 胺具有碱性,可与酸生成类似的铵盐。乙胺与盐酸反应的化学方程式为:________________。

11. 胺易溶于 ______,而铵盐溶于水但不溶于 ______。胺的碱性比较弱,向铵盐溶液中加 ______,又转化为 ______。氯化乙胺与 NaOH 溶液反应的化学方程式为:______________________。

12. 已知邻羟基苯胺的结构为 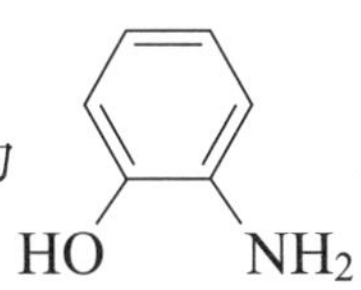

,邻羟基苯胺的沸点 __________ 对羟基苯胺的沸点(填写"<"或者">"),原因是____。

13. 由 __________ 与 __________ 相连构成的羧酸衍生物称为酰卤,乙酰卤的结构式为 __________。

14. 三乙醇胺[$N(CH_2CH_2OH)_3$]可以视为 NH_3 的 3 个氢原子被—CH_2CH_2OH 取代的产物,化学性质与 NH_3 有可类比之处。三乙醇胺与 H_2S 反应的化学方程式是 ________________________。二乙醇胺与盐酸反应的化学方程式是 ____________________________。

15. 酰胺的制备:酰胺可以通过氨气(或胺)与羧酸在加热条件下反应得到,或用羧酸的铵盐加热脱水得到。合成乙酰胺的化学方程式为:____。

16. 请按酸性从强到弱对以下化合物排序:____。

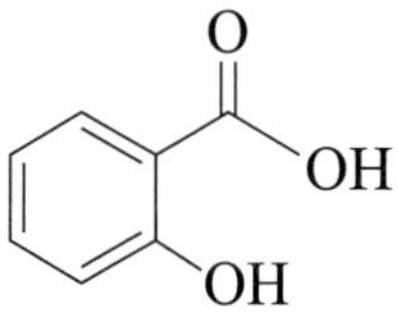
A

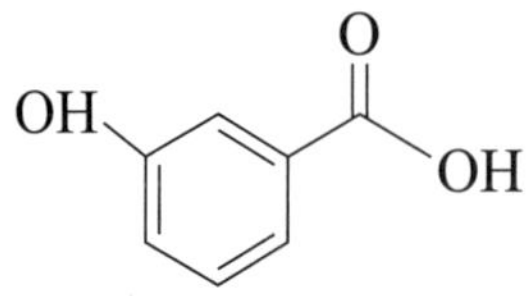
B

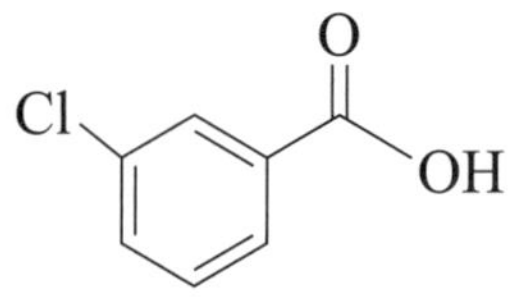
C

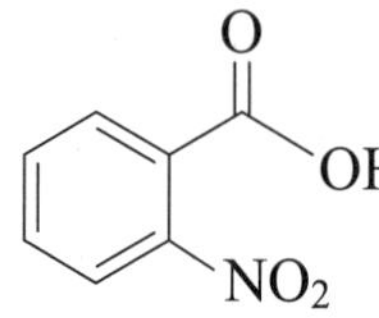
D

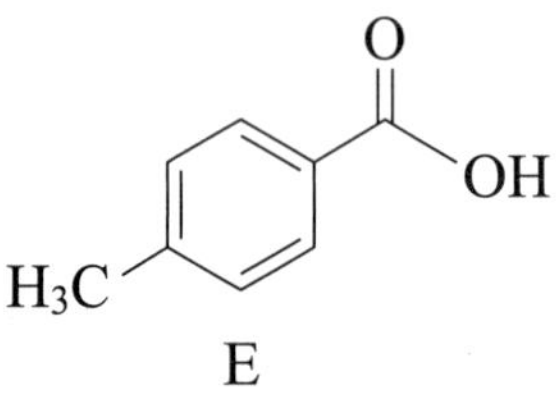
E

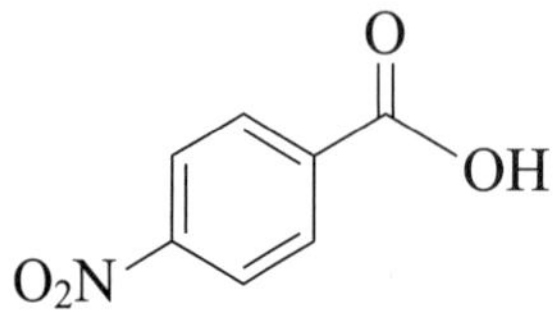
F

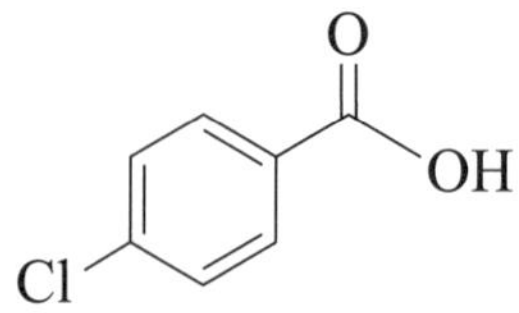
G

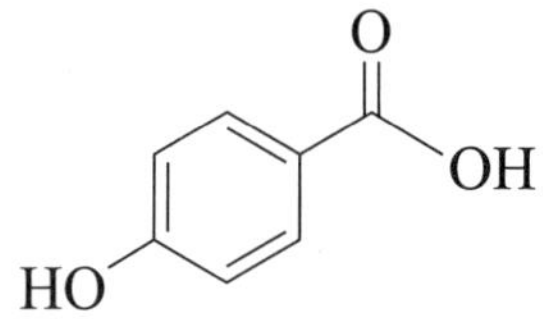
H

17. 苯胺（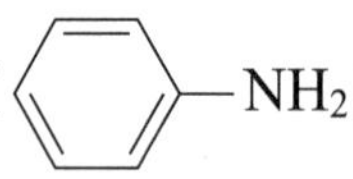）与甲基吡啶（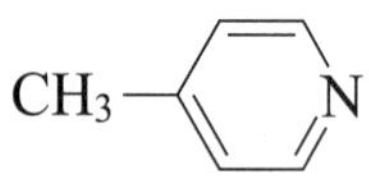）互为同分异构体，但从化合物的分类上看，它们分别属于 ________ 和 __________，属于两类不同的有机化合物。

18. 请分别按碱性从强到弱对下列两组化合物排序：① ________，② ________。

①

A

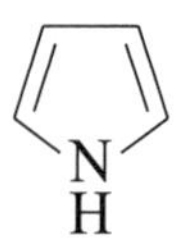
B

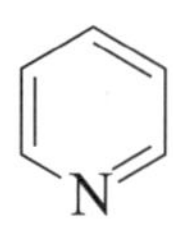
C

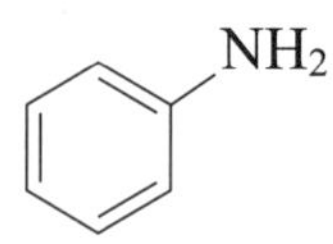
D

②
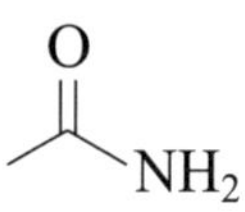
E

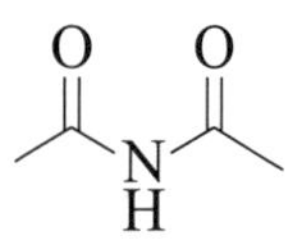
F

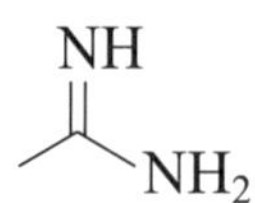
G

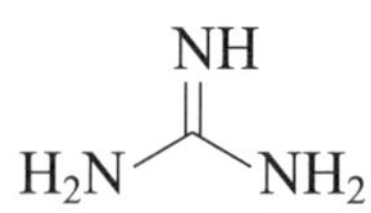
H

19. 尿素在一定条件下会失去氨而缩合，如两分子尿素失去一分子氨形成二聚物：

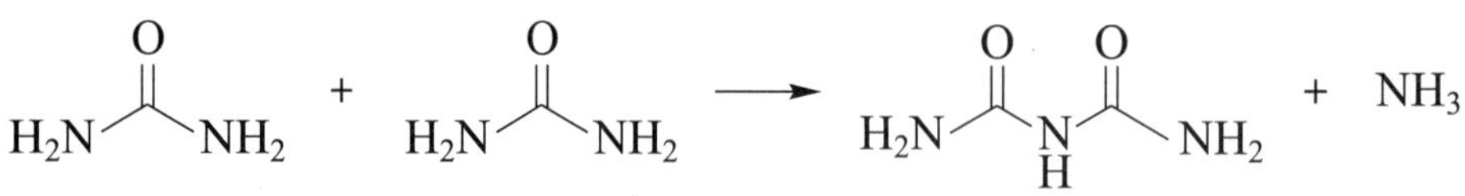

一定压强下，100 mol 的 $CO(NH_2)_2$ 在熔融状态发生缩合反应且反应完全，失去 70 mol 的 NH_3，生成二聚物和三聚物。

（1）已知三聚物有两种（其中之一为环状），写出对应的失氨缩合反应的化学方程式：____。

（2）已知二聚物的摩尔分数约为 0.4，则三种缩合产物的物质的量分别为 ______________________（答案保留整数）。

20. 酰胺的熔点、沸点比相应的羧酸 ______。低级的酰胺 ______ 溶于水，随着分子量的增大，酰胺的溶解度逐渐 ______。

（二）选择题

1. 常温离子液体也称常温熔融盐。硝酸乙基铵[$(C_2H_5)NH_3NO_3$]是人类发现的第一种常温离子液体，其熔点为 12 ℃。已知 $C_2H_5NH_2$ 结合质子的能力比 NH_3 略强，下列关于硝酸乙基铵的说法正确的是（　　）。

A. 是共价化合物　　B. 水溶液呈碱性

C. 可用作电池的电解质　　D. 结构和性质类似于硝酸乙酯

2. 三聚氰胺的结构如图所示，下列关于三聚氰胺的说法不正确的是（　　）。

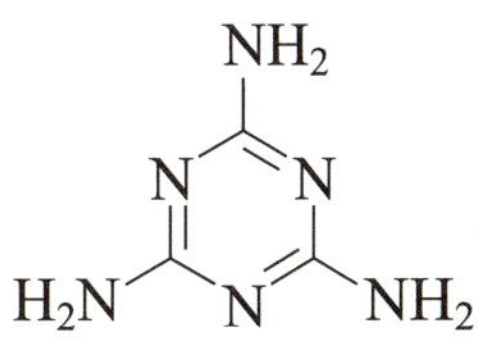

A. 分子式为 $C_3N_6H_6$，氮的质量分数为 66%

B. 溶于水，呈弱碱性

C. 属于有机物

D. 属于高分子化合物

3. 图中所示化合物是从微生物中分离得到的，它显示出广谱抗菌活性。下列关于该化合物的说法不正确的是（　　）。

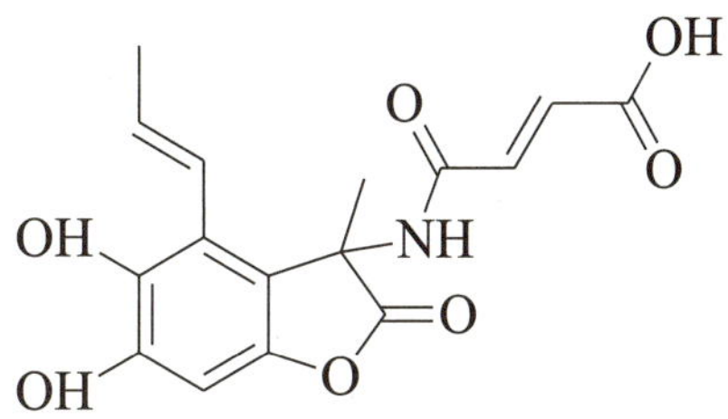

A. 该化合物可以发生加成反应

B. 该化合物不可以与金属 Na 反应生成氢气

C. 在一定条件下，该化合物可以发生加聚反应

D. 该化合物可以使酸性 $KMnO_4$ 溶液褪色

4. 乙酰苯胺是磺胺类药物的原料，其结构如图所示，下列关于乙酰苯胺的说法正确的是（　　）。

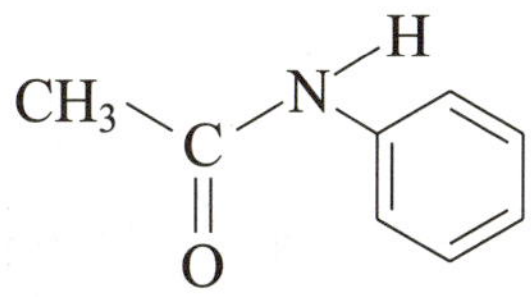

A. 是一种芳香烃

B. 分子式为 C_8H_9NO

C. 1 mol 乙酰苯胺最多能和含 2 mol NaOH 的水溶液完全反应

D. 分子中所有原子一定在同一平面上

5. 头孢氯苄是临床上常用的抗生素，分子式为 $C_{16}H_{17}N_3O_4S \cdot H_2O$，其结构如图所示，下列说法正确的是(   )。

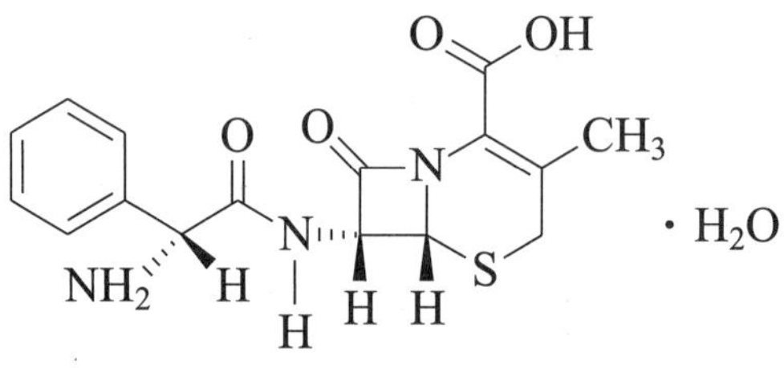

A. 在一定条件下，该物质能发生水解反应，生成氨基酸

B. 1 mol 该物质最多能与 7 mol H_2 反应

C. 该物质能与碳酸钠反应，不能与盐酸反应

D. 该物质易溶于水，能使溴水褪色

6. 化合物Ⅲ是合成某种抗结核候选药物的重要中间体，可由下列反应制得。

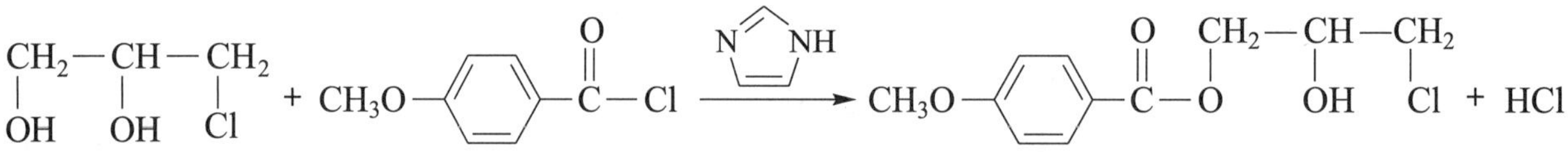

化合物Ⅰ　　化合物Ⅱ　　化合物Ⅲ

下列说法错误的是(   )。

A. 化合物Ⅰ难溶于水

B. 化合物Ⅱ分子中的碳原子可能共平面

C. 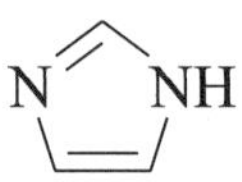能与酸反应

D. 化合物Ⅰ、Ⅲ分别与 NaOH 溶液反应，可得到一种相同的产物

7. 多巴胺是一种神经传导类物质，其部分合成路线如下，下列说法正确的是(   )。

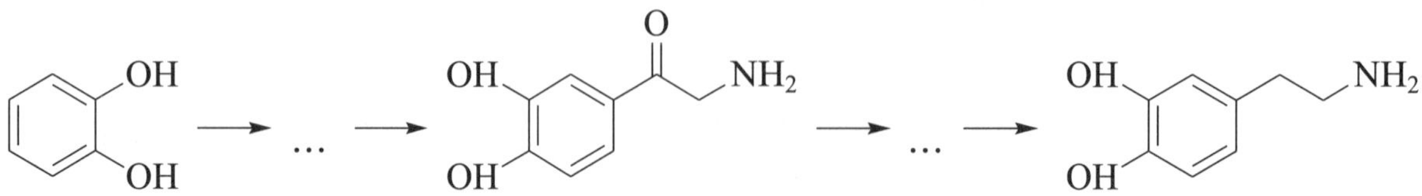

X　　Y　　多巴胺

A. X 的苯环上的溴代产物有 2 种

B. 1 mol 的 Y 与 H_2 发生加成反应，最多消耗 3 mol 的 H_2

C. 多巴胺既能与碱反应又能与酸反应

D. 多巴胺分子中所有碳原子不可能处在同一平面

8. 化学与生产、生活密切相关。下列说法错误的是(　　)。

A. 推广乙醇汽油可减少空气污染

B. 聚氯乙烯塑料常用作食品包装袋

C. 乙二胺($H_2NCHCHNH_2$)具有扩张血管的作用,是制备药物、杀虫剂的原料

D.《本草纲目》中记载“凡酸坏之酒,皆可蒸烧”,对应的实验方法是蒸馏

9. 氯喹和羟基氯喹的结构分别如图所示,对这两种化合物的描述错误的是(　　)。

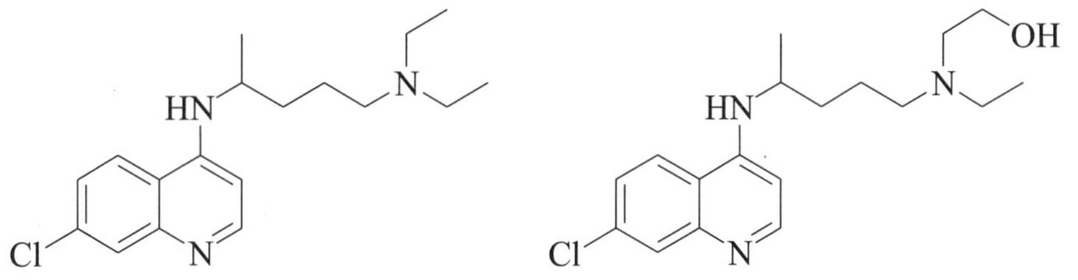

氯喹　　　　羟基氯喹

A. 氯喹的化学式为 $C_{18}H_{26}N_3Cl$,羟基氯喹的化学式为 $C_{18}H_{26}N_3OCl$

B. 加入 NaOH 溶液并加热,再加入 $AgNO_3$ 溶液后生成白色沉淀,可证明氯喹或羟基氯喹中含有氯原子

C. 氯喹或羟基氯喹都可与硫酸、盐酸或磷酸反应,生成盐类物质

D. 两分子中的手性碳原子数相等

10. 化学与生活、生产密切相关,下列说法错误的是(　　)。

A. 液化石油气、汽油、凡士林、石蜡的主要成分都是烷烃

B. 氯乙烷可与其他药物制成“复方氯乙烷气雾剂”,用于处理运动中的急性损伤

C. 四氯乙烯可作衣物干燥剂,它属于不饱和烃

D. 聚苯胺经过掺杂处理后具有一定的导电性能

11. 下列有关有机物 G(其结构简式如图所示)的说法,正确的是(　　)。

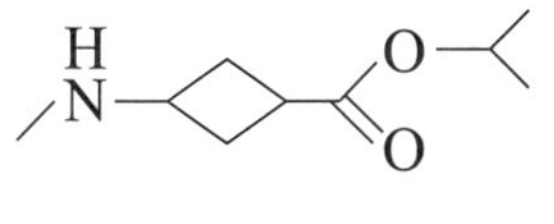

A. 分子式为 $C_9H_{16}NO_2$　　　　B. 有一个手性碳原子

C. 所有碳原子可能在同一个平面上　　　　D. 既能与 NaOH 反应又能与 HCl 反应

12. 扑热息痛是一种常用的非抗炎解热镇痛药,其结构简式如图所示。下列关于该化合物的说法正确的是(　　)。

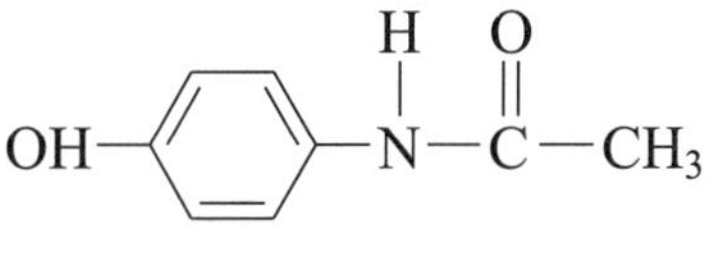

A. 是一种二肽

B. 1 mol 的该化合物理论上消耗 2 mol 的 NaOH

C. 属于芳香醇

D. 包装上印有非处方药“OTC”标识

13. 历史上最早应用的还原性染料是靛蓝,其结构简式如图所示。下列关于该化合物的说法错误的是(　　)。

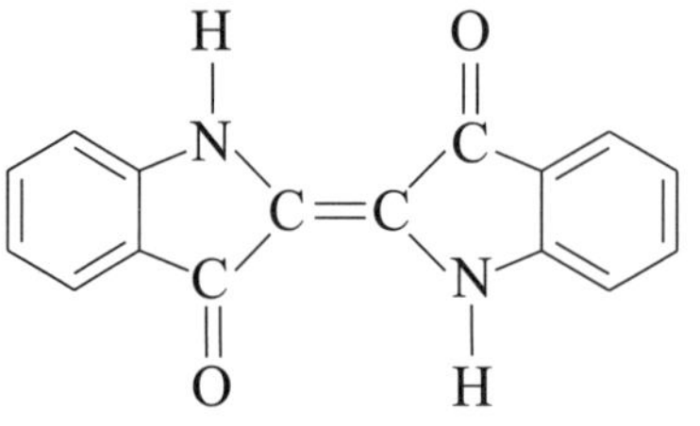

A. 靛蓝分子间有氢键

B. 能与强酸发生酸碱反应

C. 是芳香族化合物

D. 不能发生取代反应

14. 壳聚糖是一种可食性“人工果蜡”的主要成分,具有抑菌和保持果蔬光泽度的作用。壳聚糖是以氨基葡萄糖为单体的聚合物,其结构简式如图所示。下列关于壳聚糖的说法正确的是(　　)。

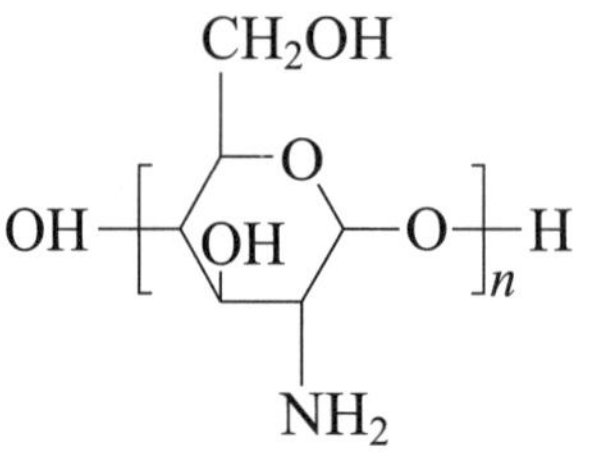

A. 单体的分子式为 $C_6H_{11}O_4N$

B. 分子中的氨基氮原子可与 Ag^+ 配位来增强抑菌作用

C. 不溶于酸溶液,具有生物可降解性

D. 分子中手性碳原子数目为 5

15. 布洛芬具有消炎、镇痛、解热的作用,但口服该药对胃、肠道有刺激性,可以对该分子进行如图所示的分子修饰。下列说法错误的是(　　)。

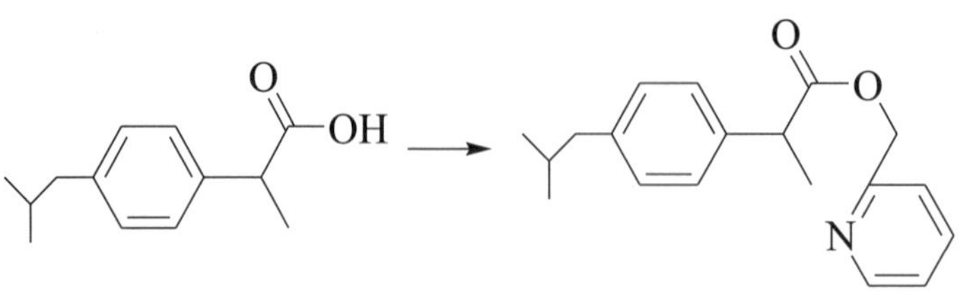

甲(布洛芬)　　　　乙(布洛芬分子的修饰产物)

A. 乙可以和强碱溶液反应，不能和强酸反应

B. 甲和乙都能使酸性 $KMnO_4$ 溶液褪色

C. 甲修饰成乙可降低对胃、肠道的刺激

D. 乙中有 1 个手性碳原子

16. 5-羟色胺最早是从血清中发现的，又名血清素，广泛存在于哺乳动物组织中，是一种抑制性神经递质。其结构简式如图所示，已知其结构中的五元氮杂环上的原子在同一平面上。下列关于5-羟色胺的说法正确的是（　　）。

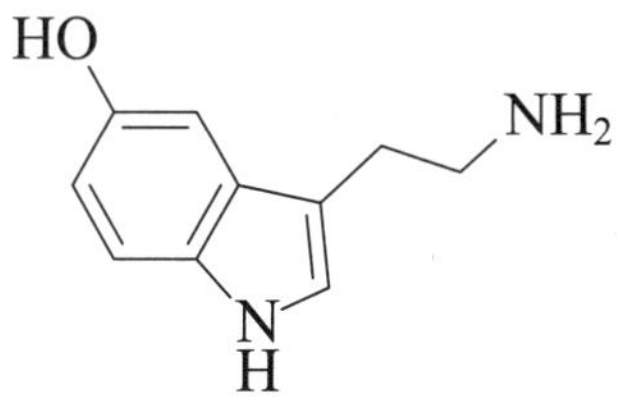

A. 分子中一定共平面的 C 原子有 9 个

B. 苯环上的一氯代物有 2 种

C. 分子式为 $C_{10}H_{10}N_2O$

D. 分子中含有 4 种官能团，可发生加成、消去、中和反应

17. 下列化学方程式或离子方程式书写不正确的是（　　）。

A. 乙酰胺中加入稀硫酸：$2CH_3CONH_2 + 2H_2O + H_2SO_4 \xrightarrow{\triangle} 2CH_3COOH + (NH_4)_2SO_4$

B. 硫化钠溶液和硝酸混合：$S^{2-} + 2H^+ = H_2S\uparrow$

C. 过量 Fe 粉和稀 HNO_3 的反应：$3Fe + 8H^+ + 2NO_3^- = 3Fe^{2+} + 2NO\uparrow + 4H_2O$

D. 苯酚钠溶液中通入少量的 CO_2 气体：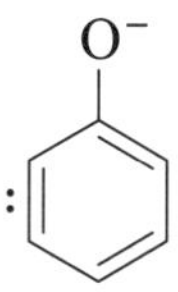 $+ CO_2 + H_2O \longrightarrow$ 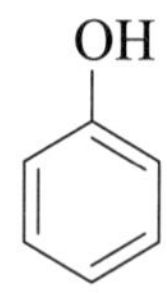 $+ HCO_3^-$

18. 褪黑素是大脑松果体分泌的一种吲哚类激素，与多种生命活动密切相关，其结构简式如图所示。下列关于褪黑素的说法正确的是（　　）。

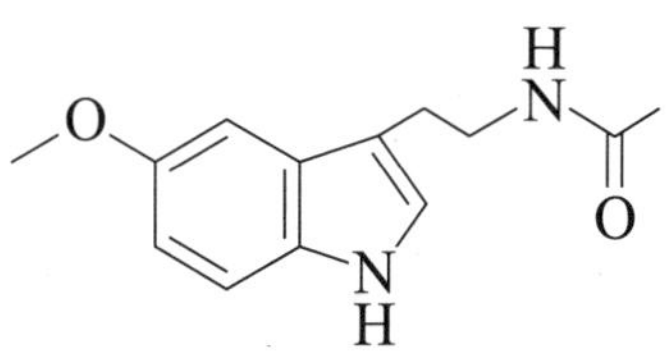

A. 该物质属于芳香烃

B. 所有原子可能处于同一平面

C. 既能发生加成反应，又能发生取代反应

D. 分子式为 $C_{13}H_{14}N_2O_2$

19. 某些高温油炸食品中含有一定量的致癌物质 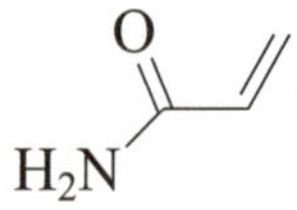（丙烯酰胺）。下列关于该化合物的说法正确的是（　　）。

A. 只有 4 种同分异构体　　B. 既属于酰胺类又属于烯烃

C. 不能在碱性条件下发生水解反应　　D. 能使酸性 $KMnO_4$ 溶液和溴水褪色

20. 尿素（$H_2N-\overset{\overset{\displaystyle O}{\|}}{C}-NH_2$）中与氮原子相连的氢原子可以像苯酚中苯环上的氢原子那样与甲醛发生反应，生成交联脲醛树脂，其结构片段如图所示（图中 ∿∿ 表示链的延长）。下列说法错误的是（　　）。

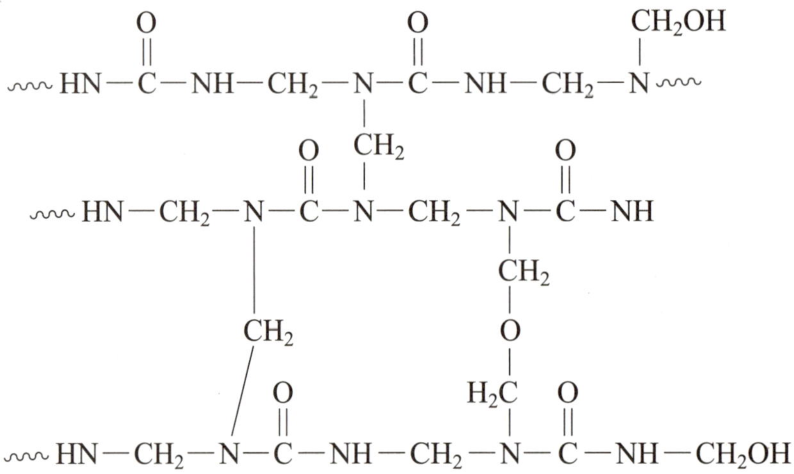

A. 尿素可以与甲醛发生加成反应，生成 $H_2N-\overset{\overset{\displaystyle O}{\|}}{C}-NH-CH_2OH$

B. 合成交联脲醛树脂的反应为加聚反应

C. 交联脲醛树脂在一定条件下可以发生水解反应，不能重新生成尿素和甲醛

D. 甲醛可以使 ∿∿ $OCH_2NH-\overset{\overset{\displaystyle O}{\|}}{C}-NH-CH_2$ ∿∿ 交联成网状结构的脲醛树脂

（三）判断题

1. 胺是指含有$-NH_2$、$-NHR$ 或者$-NR_2$（R 为烃基）的一系列有机化合物。（　　）
2. C_4NH_{11} 的胺类同分异构体共有 8 种。（　　）
3. 甲胺的结构简式为 $OHC-NH_2$。（　　）
4. 丙酰胺的结构简式为 $CH_3CH_2CONH_2$。（　　）
5. 向苯胺中滴加盐酸，发生如下反应：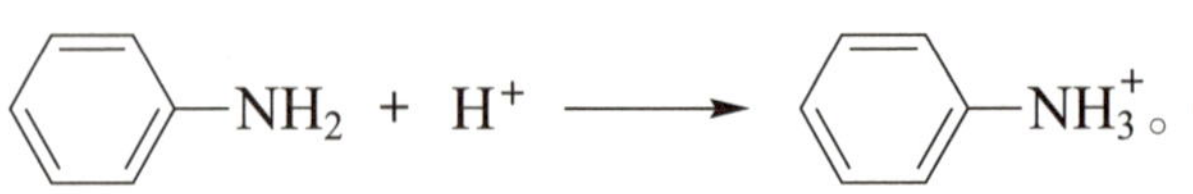。（　　）

6. 氯胺（NH_2Cl）的水解产物为 NH_2OH 和 HCl。（　　）

7. 乙酰氯（CH_3COCl）遇水可能会产生白雾。（　　）

8. 乙酸乙酯与正丁醇在一定条件下反应可能得到乙酸正丁酯。（　　）

9. 胺和酰胺都可以发生水解反应。（　　）

10. 乙酰胺中加入稀硫酸，发生如下反应：$2CH_3CONH_2 + 2H_2O + H_2SO_4 \xrightarrow{\triangle} 2CH_3COOH + (NH_4)_2SO_4$。（　　）

11. 光气（$COCl_2$）又称碳酰氯，与足量 NH_3 反应可生成两种盐。（　　）

12. 苯甲酰胺和盐酸反应的化学方程式为：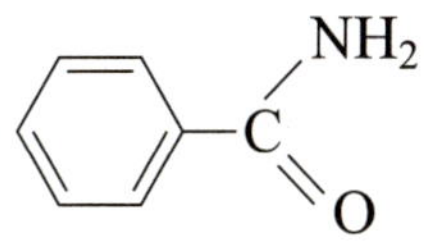 $+ H_2O + H^+ \longrightarrow$

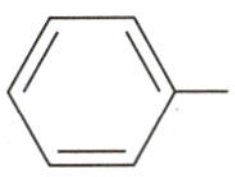 $-COOH + NH_4^+$。（　　）

13. 酰胺在酸或碱存在并加热的条件下均可发生水解，生成盐。（　　）

14. 烟酰胺 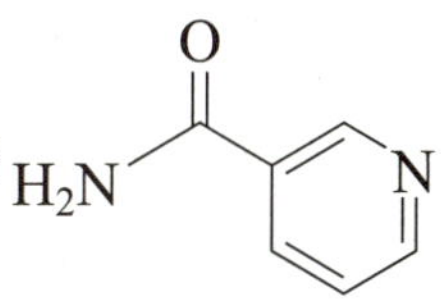 在酸性条件下水解生成 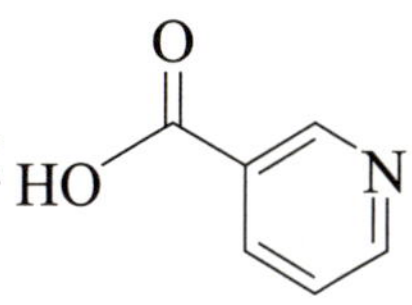 和 NH_3。（　　）

15. 胺和酰胺都含有 C、N、H 元素。（　　）

16. 碱性强弱比较：$CH_3NH_2 < NH_3$。（　　）

17. 胺和酰胺都是烃的含氧衍生物。（　　）

18. 鱼虾产生的腥臭味（胺类物质的味道），可以在烹调时加入少量食醋和料酒来去除。（　　）

19. 多肽、氨基酸分子中均含有羧基（—COOH）和氨基（$-NH_2$）。（　　）

20. 甲基苯丙胺的结构式为 $C_{10}H_{15}N$，属于叔胺。（　　）

（四）名词解释

1. 碳骨架
2. 酰化反应
3. 重氮盐
4. 季铵化合物
5. 脲

（五）简答题

1. 简述胺的命名规则。
2. 简述胺的碱性。

3. 简述氨、铵、胺的区别。

4. 简述药物合成中酰化反应所起的作用。

5. 简述重氮化反应。

6. 简述酰胺的水解反应。

7. 简述尿素的制备过程。

8. 简述尿素的水解反应。

9. 简述缩二脲反应的用途。

10. 简述胺的水溶性。

二、实践探究

1. 温室气体引起的全球气候变暖已成为国际社会关注的焦点，而 CO_2 作为最主要的温室气体之一，其减排与控制刻不容缓。CO_2 捕集技术中的有机胺溶液吸收法是最为直接和高效的减少 CO_2 排放的方法之一。请查阅资料，了解有机胺吸收 CO_2 的机理和该技术的发展趋势。

2. 化学染发剂是人们在染发过程中经常选用的物品，其中苯胺类的化学染发剂使用较广泛，但人们在长期使用过程中逐步发现了它具有致毒性、致敏性及致癌危险性等副作用。请查阅资料，说明苯胺类染发剂的工作机理和减少其对人体伤害的措施。

3. 扑热息痛，化学名为对乙酰氨基酚，是一种有机化合物，化学式为 $C_8H_9NO_2$，为非甾体消炎药，可抑制前列腺素的合成，具有解热镇痛作用，可用于缓解普通感冒或流行性感冒引起的高热以及缓解轻至中度的疼痛症状。请查阅资料，简述扑热息痛的制备原理，评价不同的乙酰化试剂的优缺点。

三、迁移应用

1. 季铵盐又称四级铵盐，为铵离子中的四个氢原子都被烃基取代而合成的化合物。季铵盐是一种阳离子表面活性剂，易溶于水，其水溶液有较好的导电性，具有抗菌、杀菌的作用。季铵盐分子水解后，阴离子基团变成氢氧根时，通常就称为季铵碱。普遍存在于生物体内的胆碱、甜菜碱就是天然的季铵碱。请查阅资料，说明季铵盐作为消毒剂的杀毒原理及应用现状。

2. 烟酰胺又称尼克酰胺，化学式为 $C_6H_6N_2O$，是烟酸的酰胺化合物，为白色的结晶性粉末；在水或乙醇中易溶，在甘油中溶解，属于水溶性维生素，主要参与脂肪代谢以及糖原分解，是重要的辅酶组成成分。请查阅资料，说明烟酰胺在人体内所起的作用。

〖拓展延伸〗

缓释肥料

《缓释肥料》(GB/T 23348—2009)明确:缓释肥料是通过养分的化学复合或物理作用,使其对作物的有效态养分随着时间的推移而缓慢释放的化学肥料。缓释养分是缓释肥料中具有缓释效果的氮、钾中的一种或两种养分的统称。

脲醛缓释肥料是最早的缓释肥料品种。它是有机合成缓释肥料,由尿素和醛在一定的反应条件下缩聚而成,包含亚甲基二脲、二亚甲基三脲、三亚甲基四脲、四亚甲基五脲、五亚甲基六脲等缩合物,依靠酶或微生物分解释放氮素。它的肥效时间长短取决于组分分子链长短,分子链长的缩合物肥效期长,肥效期可通过调节反应条件进行调控。

2012 年,在上海化工研究院、全国肥料和土壤调理剂标准化技术委员会建议和组织领导下,我国起草了控释肥料国际标准,并提交国际标准化组织(ISO)肥料和土壤调理剂标准化技术委员会(ISO/TC 134),经过委员会专家会议反复讨论磋商和技术委员会成员国多轮投票,由我国专家主导起草的这个国际标准于 2016 年初获得通过并颁布实施。由我国主导的控释肥料国际标准的颁布实施,标志着我国在控释肥料领域具有国际话语权,有利于提升我国化肥行业的国际竞争力,也标志着在控释肥料的开发与应用上,我国达到了国际领先水平。

第七章

酯和脂类

〖学习引导〗

一、前置知识

1. 醇可以看作是羟基（—OH）与脂肪烃基、脂环烃基、芳香烃基的侧链碳原子相连而形成的化合物，其官能团也称为醇羟基；醇的命名方法与烃类似，突出羟基的存在，主链编号从靠近羟基的一端开始；醇可以与酸在一定条件下发生酯化反应，生成酯；在催化剂作用下加热发生脱水反应，分子内脱水生成烯烃，分子间脱水生成醚。

2. 分子中含有羧基（—COOH）的化合物称为羧酸，其官能团是羧基；羧酸的命名原则与醇相似，突出羧基的存在，主链编号从靠近羧基的一端开始，将“醇”改为“酸”即可；羧酸是有机化合物中酸性最强的一类物质，羧酸与醇在浓硫酸催化下加热，反应生成的化合物称为酯，这种羧酸与醇作用脱水生成酯的反应称为酯化反应。

3. 醇根据分子中所含羟基的数目可以分为一元醇、二元醇和三元醇（多元醇）等；甘油化学名为丙三醇，是常见的三元醇，结构简式为 $\begin{array}{ccc} H_2C & -CH- & CH_2 \\ | & | & | \\ OH & OH & HO \end{array}$；甘油为无色、有甜味的黏稠液体，吸湿性强，有润肤作用。

二、重点概览

本章重点是认识酯的组成和结构；了解油脂的结构特点和理化性质，强化现象观察与规律认知的化学学科核心素养；了解类脂和甾族化合物的结构特点和生理功能，知道这些化合物在人体和医学检验中的重要意义。

1. 酯是羧酸和醇反应的产物，是重要的羧酸衍生物，官能团为酯键；酯的命名与羧酸和醇的名称有关,形式为“某酸某酯”,“某酸”是指形成酯的羧酸名称,“某酯”是指形成酯的醇的名称。

2. 酯在酸或碱的催化下发生水解反应,水解成羧酸(羧酸盐)和醇,可以看作是酯化反应的逆反应。

3. 油脂是油和脂肪的总称,是甘油与高级脂肪酸形成的酯,是人类三大营养物质之一;形成油脂的高级脂肪酸,多数为偶数个碳原子长碳链的羧酸,常见为 16 个和 18 个碳原子的高级脂肪酸;油脂能够发生水解反应(皂化反应)、加成反应(油脂的硬化)和酸败。

4. 磷脂为含磷的脂肪酸甘油酯,由甘油、脂肪酸、磷酸和含氮有机碱组成,广泛存在于动植物组织中;卵磷脂和脑磷脂为两种重要的磷脂,其结构相近。卵磷脂的有机碱为胆碱,脑磷脂的有机碱为胆胺;蜡为长链羧酸和长链醇形成的酯,存在于植物的表皮、动物的皮毛等中,起着防止水浸、抑制细菌入侵的作用。

5. 甾族化合物具有环戊烷多氢菲(甾烷)碳骨架;甾族化合物存在于动植物体组织中,具有生理作用;甾族化合物可分为甾醇、胆酸、甾体激素等。

三、难点释疑

1. 卵磷脂和脑磷脂的结构和组成的差异点是什么?

卵磷脂和脑磷脂都属于磷脂,是含磷的脂肪酸甘油酯,具有一定的生理功能,性质和结构都与油脂相似。磷脂完全水解后都可以得到甘油、脂肪酸、磷酸和含氮有机碱共 4 种物质。磷脂的结构如图 7-1 所示。

1 分子卵磷脂完全水解后,可生成 1 分子甘油、2 分子脂肪酸、1 分子磷酸和 1 分子胆碱;1 分子脑磷脂完全水解后,可生成 1 分子甘油、2 分子脂肪酸、1 分子磷酸和 1 分子胆胺;卵磷脂、脑磷脂的结构和性质相似,重要区别就在于磷酸结合的含氮有机碱是胆碱还是胆胺。

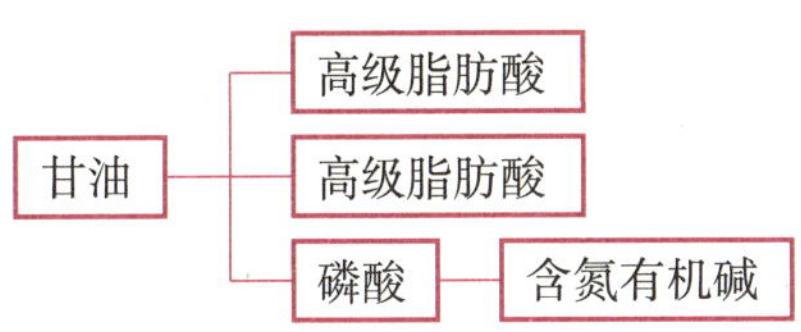

图 7-1　磷脂的结构

2. 油脂为什么会发生酸败?

油脂在空气中放置过久,会出现颜色加深,产生难闻气味等现象,这种油脂的变质过程称为酸败。油脂酸败的实质是油脂中的碳碳双键部分,受到空气中氧的作用,产生有刺激性臭味的低级醛、酮和羧酸。光、热、水分和真菌都可以加速油脂的酸败。伴随着油脂的酸败,油脂的水解程度会加大,游离脂肪酸的含量会增加。油脂中游离脂肪酸的含量可以作为判断油脂酸败程度的重要指标。油脂中游离脂肪酸的含量通常用酸值表示。中和 1 g 油脂中的游离脂肪酸所需氢氧化钾的毫克数称为油脂的酸值。与正常值比较,酸值越大,说明油脂酸败程度越严重。为了防止油脂的酸败,油脂应贮存于密闭的容器中,放置在阴凉处。

皂化值、碘值和酸值是油脂品质分析中的三个重要理化指标。国家对不同油脂的皂化值、碘值、酸值有一定的要求，符合国家标准的油脂才可供药用和食用。

3. 怎样记忆甾体化合物的基本结构？

记忆甾体化合物的基本结构是学习甾体化合物的基本要求。首先要记忆甾烷的结构，然后再根据甾烷上各种取代基的规律记忆甾体母环。例如，仅在 C–13 有 1 个角甲基的甾体母环是雌甾烷，在 C–10 又引入 1 个角甲基的甾体母环是雄甾烷，在 C–17 上再引入 1 个乙基后的甾体母环即为孕甾烷。以此类推，进行比较，就可以逐步记忆胆烷、胆甾烷及麦角甾烷。

〖能力提升〗

大豆磷脂是从大豆中提取的物质。对大豆磷脂的营养成分分析发现，大豆磷脂中含有丰富的“磷脂”，包括软磷脂、脑磷脂、肌醇磷脂等一系列磷脂类化合物。

软磷脂、脑磷脂、肌醇磷脂之所以被称为磷脂，是因为它们分子中都含有磷元素。磷脂是一类天然的分子，其结构包括甘油、脂肪酸、磷酸和含氮有机碱四部分。磷脂在生物体中发挥着重要的作用，包括构成细胞膜、参与能量代谢和信号传递等。

磷脂是类脂的一种。类脂是指一类与脂质相似的化合物，它们在化学结构上与脂肪有些相似，但在生物体内的功能和作用却与脂肪不同。类脂包括多种化合物，如磷脂、糖脂和蜡等。

〖素养养成〗

一、强化基础

（一）填空题

1. 羧酸和醇脱水生成的化合物称为 ________，通式为 ________，官能团为 ________。

2. 戊酸异戊酯是由 ________ 和 ________ 酯化而来的。

3. 酯的重要化学性质是能够与水发生 ________，生成 ________ 和 ________。该反应是 ________ 反应的逆反应。

4. 油脂是 ________ 和 ________ 的总称。

5. 生活中食用的猪油、牛油等在常温下呈 ________，称为 ________；花生油、芝麻油等在常温下呈 ________，称为 ________。

6. 人体不能合成但又必需的高级脂肪酸是 ________，人体必须从食物中获取该类脂肪酸。

7. 从结构看，油脂是1分子 ________ 与3分子 ________ 生成的 ________，医学上常称为 ________（或三酰甘油）。

8. 当水与植物油混合，充分振荡后呈现 ________，静置后 ________。说明植物油 ________（填“能”或“不能”）溶解于水中。

9. 油脂在碱性溶液中水解时，生成甘油和 ________，因此油脂在碱性条件下发生的水解反应又称为 ________ 反应。

10. 肥皂分子中含有 ________ 基和 ________ 基。

11. 在常温下，含不饱和高级脂肪酸成分较多的油脂通常为 ________；含饱和高级脂肪酸成分较多的油脂通常为 ________。

12. 组成油脂的高级脂肪酸的种类较多，常见的有软脂酸、________、________、________ 等，这些高级脂肪酸有一些共同特点，其碳原子数目多，通常以 ________ 个和 ________ 个碳原子比较常见，而且碳原子的数目为 ________（填“偶”或“奇”）数，是 ________（填“直链”或“具有支链”）的一元脂肪酸。

13. 磷脂是指 ____。

14. 比较常见的磷脂有 ________ 和 ________，它们所对应的含氮有机碱分别是 ________ 和 ________。

15. 蜡是自然界中存在的长链 ________ 和长链 ________ 形成的酯。

16. 甾族化合物的基本结构为 ________，其 ________、________ 和 ________ 号碳原子上分别有1个侧链。

17. 胆汁酸盐是良好的 ________ 剂，对 ________ 的消化、吸收起着重要作用。

18. 人体激素包括含氮激素和甾体激素，甾体激素又可分为 ________ 和 ________。

（二）选择题

1. 丁酸异丙酯是由哪种醇和酸生成的（　　）。

A. 丁酸和丙醇　　B. 丁醇和丙酸

C. 丁酸和异丙醇　　D. 异丁酸和丙醇

2. 下列物质的分子中不存在酯结构的是（　　）。

A. 牛油　　B. 脑磷脂　　C. 胆固醇　　D. 乙酸乙酯

3. 在哪种条件下，酯的水解程度最大（　　）。

A. 酯与水共存　　B. 酯与稀硫酸共热

C. 酯与水共热　　D. 酯与碱溶液共热

4. 油脂不能发生的化学反应是（　　）。

A. 水解反应　　B. 酯化反应　　C. 氧化反应　　D. 加成反应

5. 下列物质属于油脂的是（　　）。

① 棉籽油　② 甘油　③ 牛油　④ 煤焦油　⑤ 汽油　⑥ 橄榄油　⑦ 润滑油

A. ②③④⑦　　B. ①③⑥　　C. ⑤⑥⑦　　D. ②⑤

6. 下列物质名称与结构简式不符的是（　　）。

A. 软脂酸 $C_{15}H_{31}COOH$　　B. 油酸（9–十八碳烯酸）$C_{17}H_{27}COOH$

C. 硬脂酸 $C_{17}H_{35}COOH$　　D. 亚油酸（9，12–十八碳二烯酸）$C_{17}H_{31}COOH$

7. 下列物质不能使溴水褪色的是（　　）。

A. 硬脂酸　　B. 油酸　　C. 亚油酸　　D. 亚麻酸

8. 下列关于油脂的叙述不正确的是（　　）。

A. 油脂属于酯类　　B. 油脂没有固定的熔点、沸点

C. 油脂是高级脂肪酸的甘油酯　　D. 油脂都不能使溴水褪色

9. 1 mol 油脂完全水解后能生成（　　）。

A. 1 mol 甘油和 1 mol 水　　B. 1 mol 甘油和 1 mol 脂肪酸

C. 3 mol 甘油和 3 mol 脂肪酸　　D. 1 mol 甘油和 3 mol 脂肪酸

10. 油脂皂化反应的实质是（　　）。

A. 水解反应　　B. 取代反应　　C. 中和反应　　D. 酯化反应

11. 公元前，古埃及的一位厨师不小心把刚熬好的羊油碰翻在灶坑旁，与草木灰（K_2CO_3）混在了一起。当他将羊油和草木灰的混合物用手捧出去后，洗手时发现洗得特别干净。下列解释正确的是（　　）。

A. 羊油是一种有机溶剂，溶解了厨师手上的油污

B. 草木灰呈碱性，与羊油发生中和反应

C. 羊油与草木灰中的物质发生了加成反应

D. 羊油在草木灰的作用下发生了皂化反应

12. 油脂皂化值的大小可以用来判断油脂的（　　）。

A. 平均分子量　　B. 酸败程度

C. 不饱和程度　　D. 在水中的溶解度

13. 胆固醇属于（　　）物质。

A. 醇类　　B. 脂类　　C. 甾族化合物　　D. 磷脂

14. 存在于人体皮肤中，在紫外线照射下可以转化为D族维生素的是（ ）。

A. 7-去氢胆固醇 B. 高级脂肪酸

C. 胆汁酸盐 D. 磷脂

15. 存在于人体肠道消化液中，可乳化脂肪的化合物是（ ）。

A. 胆固醇 B. 胆酸 C. 胆汁酸 D. 胆汁酸盐

16. 参与卵磷脂组成的化合物是（ ）。

A. 胆碱 B. 乙酰胆碱 C. 丝氨酸 D. 葡萄糖

17. 水解卵磷脂可以得到的物质包括（ ）。

A. 脂肪酸、磷酸、胆碱 B. 脂肪酸、甘油、磷酸、胆碱

C. 脂肪酸、甘油、磷酸、丝氨酸 D. 脂肪酸、甘油、磷酸、胆胺

18. 甾族化合物的母核结构为（ ）。

A. 苯并多氢菲 B. 环戊烷多氢蒽

C. 环戊烷多氢菲 D. 环己烷并多氢菲

19. 属于甾族化合物的是（ ）。

A. 胆固醇 B. 可的松 C. 黄体酮 D. 以上都是

20. 下列化合物不属于甾族化合物的是（ ）。

A. 麦角甾醇 B. 肾上腺皮质激素

C. 胆固醇 D. 薄荷醇

（三）判断题

1. 脂类化合物即为脂肪族化合物。（ ）
2. 天然油脂是各种甘油酯的混合物。（ ）
3. 通常把常温下呈液态的油脂称为油，如花生油、芝麻油、猪油等。（ ）
4. 油脂在碱性条件下的水解产物为甘油和高级脂肪酸。（ ）
5. 所有组成油脂的脂肪酸都能够在人体内合成。（ ）
6. 含不饱和脂肪酸较多的油脂，具有较低的熔点。（ ）
7. 为避免浪费，酸败的油脂在去除异味后可以食用。（ ）
8. 皮肤内的7-去氢胆固醇在紫外线的作用下可以转变为维生素D_3。（ ）
9. 蜡是自然界中存在的长链羧酸和长链醇形成的酯。（ ）
10. 为防止患佝偻病，儿童应经常晒太阳，亦可食用鱼肝油、牛奶等。（ ）

（四）名词解释

1. 酯

2. 必需脂肪酸

3. 皂化反应

4. 油脂的硬化

5. 酸败

6. 油脂乳化

7. 类脂

8. 油脂的碘值

9. 磷脂

10. 蜡

（五）简答题

1. 什么是必需脂肪酸？油和脂肪中的必需脂肪酸含量较高的是哪个？简述理由。

2. 油脂的主要成分是什么？写出其结构通式。

3. 简单说明油脂水解得到的高级脂肪酸的结构特点。

4. 什么是酸败？酸败的油脂能否食用？如何防止油脂的酸败？

5. 什么是油脂的硬化？什么是油脂的碘值？有何意义？

6. 试比较卵磷脂和脑磷脂在结构上的异同点，并回答用什么方法可以把它们的混合物分离开。

7. 甾族化合物的结构特点是什么？写出其基本结构式。

8. 为什么胆汁酸盐是油脂的乳化剂？

二、实践探究

1. 乙酰水杨酸的药品名为阿司匹林（结构如图所示），是临床上常用的非甾体抗炎药、抗血小板聚集药，具有解热、镇痛、抗炎、抗风湿和抑制血小板聚集等多方面的药理作用，请指出其结构中的酯键，并解释其要在干燥处保存的原因。

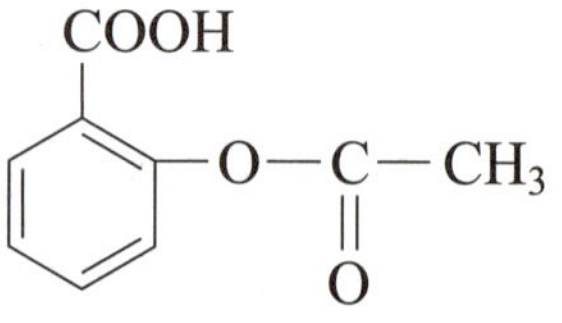

2. 请解释下列现象。

（1）在干洗店，衣服上的油渍不用水洗，而用类似汽油的烃类溶剂或四氯乙烯等溶剂清洗，油渍更易洗净。

（2）家里做汤放的油总是漂浮在水面上。

3. 下雨天，小鸟依然可以在雨中飞翔，停下来的时候，抖一抖羽毛，身上的大部分雨水就抖下来了。请查阅材料，了解其中蕴含的科学道理。

4. 生活中你是否发现过这种现象：肥皂在含有较多 Ca^{2+} 和 Mg^{2+} 的硬水中很难产生泡沫，而水面上会形成一些浮渣。你知道这是为什么吗？

三、迁移应用

1. 生物柴油是由废弃动植物油脂或微生物油脂与甲醇或乙醇经酯化反应而形成的脂肪酸甲酯或乙酯，其燃料性能与石油及柴油较为接近，被用作燃料。请查阅资料，了解生物柴油的生产过程和特点。

2. 血脂检查是体检的重要内容之一，血脂检查的一项基本数据是甘油三酯的浓度。请查阅资料，了解人体血清中甘油三酯的正常参考范围，高脂血症的成因和危害，以及如何预防高脂血症。

〖拓展延伸〗

必需脂肪酸的功能与营养价值

油脂是人体中重要的营养物质。它不仅给人体提供热量，而且可以合成细胞的主要成分：磷脂、固醇等。油脂的营养价值取决于油脂中必需脂肪酸的含量。必需脂肪酸是指在人体内不能合成但又必需的高级脂肪酸，如亚油酸、亚麻酸和花生四烯酸等。必需脂肪酸在体内有多种生理作用，如促进发育、维持健康和参与胆固醇的代谢等。

深海鱼油作为一种高营养价值的油脂，有助于维护人体健康，已被越来越多的人作为保健品食用。深海鱼油富含两种不饱和高级脂肪酸：二十碳五烯酸（EPA）和二十二碳六烯酸（DHA）。EPA 具有降低人体甘油三酯及胆固醇浓度的能力，从而降低血液黏稠度，预防动脉粥样硬化及心脑血管疾病。DHA 作为大脑细胞生长的重要物质之一，被人们誉为“脑黄金”。

除了深海鱼油，坚果和种子也是优质油脂的来源。比如核桃油富含 ω-3 和 ω-6 不饱和脂肪酸，对心血管健康非常有益。同时，吃坚果还可以改善大脑功能、维持正常生理活动、减少慢性病的发生。另外，葵花籽油中富含维生素 E 和磷脂，这些物质对维护人体细胞和组织的功能非常重要。

亚油酸是必需脂肪酸。研究发现，胆固醇必须与亚油酸结合后，才能在体内进行正常的运转和代谢。亚油酸对高血压、高血脂、心绞痛、冠心病、动脉粥样硬化、老年性肥胖症等疾病有防治效果。

亚麻酸是人体细胞的组成成分，是合成前列腺素的前体，参与脂肪代谢，和视力、脑发育和行为发育有关。

总之，必需脂肪酸作为人体重要的营养物质，在维持人体生命活动、促进健康方面发挥着重要的作用。因此，我们应该均衡饮食，合理摄入不同类型的必需脂肪酸，以保持身体健康。

第八章

杂环化合物和生物碱

〖学习引导〗

一、前置知识

1. 有机化合物根据碳原子的连接方式（碳的骨架）不同可分为开链化合物、碳环化合物和杂环化合物；组成有机化合物的元素除碳、氢两种元素外，还有卤素、氧、氮、硫、磷等元素；形成环状化合物的原子中，除碳原子之外的原子称为杂原子。

2. 脂环烃是一类性质与脂肪烃（链烃）相似的环烃，三元环、四元环的脂环烃由于环张力较大，不稳定，自然界中能够稳定存在的通常是五元环或六元环的脂环烃，性质与对应的烷烃、烯烃（炔烃）相似。

3. 苯分子中的6个碳原子均采用sp^2杂化成键，形成一个对称的正六边形结构，6个碳原子都在同一平面上。每个碳原子各有1个未参加杂化的p轨道，6个p轨道彼此“肩并肩”侧面重叠形成1个环状大π键，形成闭合的环状共轭（π-π）体系，因此具有芳香性，是最简单的芳香烃。

4. 胺是烃的含氮衍生物，根据胺分子中烃基的种类不同，可分为脂肪胺和芳香胺；根据胺分子中氮原子连接烃基的数目不同，可分为伯胺、仲胺和叔胺；胺与氨相似，其水溶液呈碱性；胺的碱性强弱顺序大致是：季铵碱 > 脂肪胺 >NH_3> 芳香胺。

二、重点概览

本章重点是认识杂环化合物和生物碱的概念，了解杂环化合物的分类和命名，知道常见杂环化合物和生物碱的性质和用途，了解生物碱在生产、生活中的应用。

1. 由碳原子和其他元素的原子共同组成的环状有机化合物称为杂环化合物，环中碳原子以外的其他原子称为杂原子，常见的有氮原子、氧原子和硫原子；根据环数的多少可以分为单杂环和多杂环，单杂环根据环的大小可以分为五元杂环和六元杂环；多杂环以稠环较为常见。

2. 杂环化合物的名称通常采用音译法，并具有特定的编号方式；外文的谐音汉字加“口”旁是杂环母核的名称；简单杂环化合物有：五元杂环——呋喃、噻吩、吡咯、吡唑，六元杂环——吡啶、哒嗪，苯稠杂环——吲哚、喹啉，稠杂环——嘌呤等。

3. 杂环化合物的杂原子上的未共用电子对，是否参与杂环的闭合共轭体系，对杂环化合物的性质有着决定性的影响；杂环化合物属于芳香化合物，呋喃、噻吩和吡咯的稳定性均比苯差，吡啶比苯更稳定。

4. 生物碱是存在于生物体内的一类具有碱性和明显生物活性的含氮有机化合物；生物碱通常根据来源命名，如烟碱来源于烟草，也可以采用国际通用名称的译音，如烟碱又名尼古丁；生物碱多呈碱性，难溶于水，常与无机酸、有机酸形成可溶于水的盐；常见的生物碱药物有麻黄碱、莨菪碱、吗啡、罂粟碱和小檗碱等。

5. 生物碱遇到一些试剂能发生沉淀反应，可利用这些试剂的性质来提取和精制生物碱。常用的试剂有碘化铋钾、磷钼酸、磷钨酸等。根据生物碱的颜色反应可以鉴别生物碱。常用的显色剂有浓硫酸、浓硝酸、钒酸铵的浓硫酸溶液等。

三、难点释疑

1. 为什么内酯、环醚和环状酸酐等含有杂原子的环状化合物没有列入杂环化合物？

虽然内酯、环醚和环状酸酐等环状化合物也含有氧等杂原子，但因不具有芳香族化合物的性质，而与相应的开链化合物的性质相似，因此列入脂肪族化合物中。

2. 杂环化合物的碱性强弱有何规律？

在含氮化合物中，氮原子常见的结构包括酰胺、胺和季铵碱等，酰胺为近中性、胺为弱碱性、季铵碱为强碱性。在含氮杂环化合物中，吡咯的碱性比一般仲胺弱得多，而吡啶的碱性比苯胺稍强，比一般叔胺、氨弱得多，但经过氢化反应，两者碱性均明显增强。

3. 生物碱的沉淀反应和显色反应有何应用？

生物碱均含有氮元素，因此普遍具有碱性，利用其碱性，可将难溶于水的生物碱药物与酸反应制成易溶于水的盐类，并用于临床，如麻黄碱、莨菪碱等。此外，生物碱大多有光学活性，多为左旋性物质，有很高的生理活性。生物碱遇到一些试剂能发生沉淀反应或显色反应，可利用这些试剂来检验纯净的生物碱。常用的试剂有碘化铋钾、苦味酸、磷钨酸等。

〖能力提升〗

1. 生物碱一般难溶于水，能溶于乙醇、乙醚、丙酮、氯仿、苯等有机溶剂，也可以溶于稀硫酸。生物碱为含氮有机化合物，多呈碱性。生物碱的结构不同，其碱性的强弱会出现差异，但一般都能与无机酸或有机酸形成盐。生物碱常与盐酸、磷酸、草酸、乳酸、柠檬酸等结合成盐存在于植物体内。请根据以上信息，思考如何从药用植物中提取生物碱？并查阅资料，制定从黄连中提取小檗碱的实验方案。

2. 在食物中，如动物内脏、鱼虾等含有嘌呤，嘌呤在体内多种酶的参与下，最终代谢为尿酸排出体外。当嘌呤代谢发生障碍时，其最终代谢产物尿酸合成增加或排出减少，尿酸以钠盐的形式沉积在关节等处，引起组织异物炎性反应，导致痛风。痛风多发于人体最低部位的关节，发作时剧烈疼痛。

对于痛风患者，在药物治疗的同时，一要注意多饮水，促进尿酸的排出；二要严格控制饮食，特别是要少吃嘌呤含量丰富的食物，如海鲜、动物内脏、豆类食品等。

嘌呤的结构简式为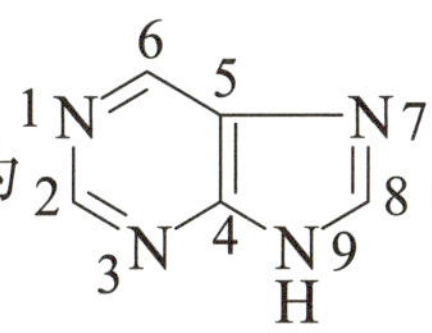，尿酸的化学名称为2，6，8-三氧嘌呤，请尝试写出尿酸的结构简式。

〖素养养成〗

一、强化基础

（一）填空题

1. 在杂环化合物中，常见的杂原子有______、______、______。

2. 按环的数目不同，可将杂环化合物分为__________和__________。

3. 杂环化合物是具有____________________结构的一类有机化合物。环中的非碳原子称为______。

4. 呋喃蒸气遇到盐酸浸湿的松木片呈______，吡咯蒸气遇到盐酸浸湿的松木片呈______。

5. 吡啶中氮原子可以接受______而显弱碱性，其碱性比脂肪胺和氨______，比苯胺略______。

6. 常见的含有一个杂原子的五元杂环母核是______、______和______（填结构简式和名称）。

7. 一些杂环化合物的衍生物可以产生________和________的互变异构现象。

8. 防治糙皮病的维生素 PP 是由________和________组成的。

9. 在有机化合物 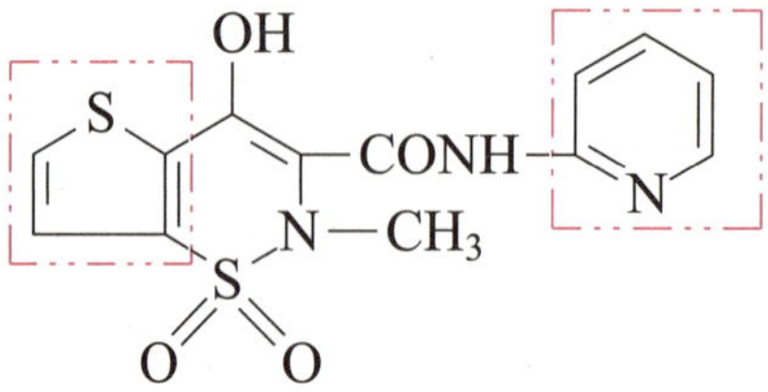 中，虚线框中的基本杂环为________和________。

10. 生物碱是存在于________、具有________和________的有机化合物。

11. 生物碱一般________溶于水，________溶于有机溶剂，可以将生物碱和________（填“酸”或“碱”）生成盐而溶于水。

12. 生物碱典型的三种性质是________、________、________。

13. 生物碱与________发生________反应，该反应可以用于生物碱的分离；生物碱与________发生________反应，该反应可以用于生物碱的检测和鉴别。

14. 由于生物碱多数难溶于水，所以常利用生物碱的________性，通过与________反应形成生物碱的________化合物达到改变生物碱水溶性的目的。

15. 烟碱又名________，是存在于________中的一种吡啶类生物碱。

16. 根据麻黄素的结构简式 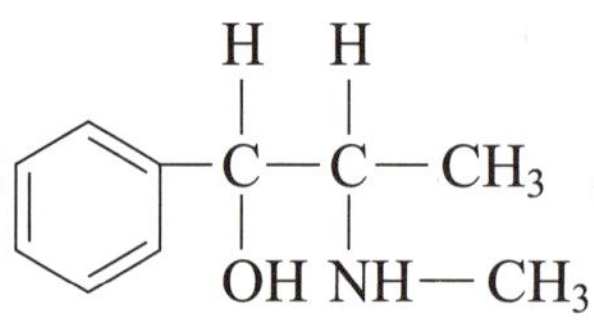，麻黄素分子中________（填“存在”或“不存在”）杂环结构，________（填“是”或“不是”）碱性化合物。

17. 植物黄连中含有的黄连素，其化学名为________，为________色________状晶体。

18. ________是第一个被提纯的生物碱，是人类最早使用的________剂。

19. 世界无烟日是每年的________。

20. 国际禁毒日是每年的________。

（二）选择题

1. 下列物质属于杂环化合物的是（　　）。

A. 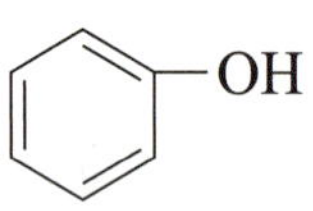　B. 　C. 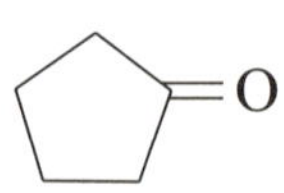　D. 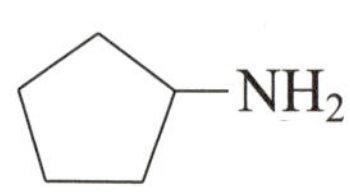

2. 下列结构为咪唑的是（　　）。

A. 　B. 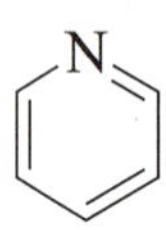　C. 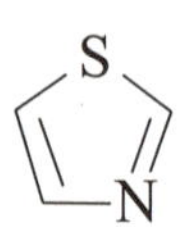　D. 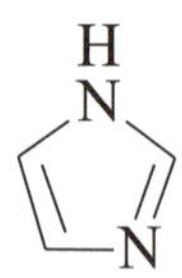

3. 下列不属于生物碱的是（ ）。

A. 麻黄素 B. 吗啡 C. 吲哚 D. 阿托品

4. 血红素是亚铁离子与下列哪种杂环所形成的基础配合物（ ）。

A. 吡啶 B. 吡咯 C. 咪唑 D. 喹啉

5. 小檗碱又名（ ）。

A. 尼古丁 B. 黄连素 C. 麻黄素 D. 尼克酸

6. 生物碱一般难溶于（ ）。

A. 氯仿 B. 乙醚 C. 水 D. 丙酮

7. 钒酸铵的浓硫酸溶液与莨菪碱反应显（ ）。

A. 蓝色 B. 绿色 C. 红色 D. 棕色

8. 下列物质属于五元杂环化合物的是（ ）。

A. 嘧啶 B. 喹啉 C. 呋喃 D. 嘌呤

9. 生物碱不具备下列哪一性质（ ）。

A. 碱性 B. 沉淀反应 C. 显色反应 D. 酸性

10. 下列化合物中芳香性最强的是（ ）。

A. 苯 B. 噻吩 C. 吡咯 D. 呋喃

11. 烟碱主要存在于下列哪种物质（ ）。

A. 颠茄 B. 黄连 C. 烟草 D. 鸦片

12. 下列物质属于稠杂环化合物的是（ ）。

A. 嘌呤 B. 吡啶 C. 嘧啶 D. 呋喃

13. 烟酸和下列哪种物质统称为维生素 PP（ ）。

A. 甲酰胺 B. 苯胺 C. 甲苯 D. 烟酰胺

14. 速尿是一种强利尿药，属哪一类药物（ ）。

A. 呋喃 B. 噻吩 C. 吡咯 D. 噻唑

15. 下列哪种生物碱的盐酸盐可用于治疗肠炎和细菌性痢疾（ ）。

A. 烟碱 B. 小檗碱 C. 麻黄碱 D. 莨菪碱

16. 呋喃蒸气遇到盐酸浸湿的松木片呈（ ）。

A. 绿色 B. 黄色 C. 红色 D. 蓝色

17. 可待因比吗啡的药物成瘾性（ ）。

A. 强 B. 弱 C. 差不多 D. 不知道

18. 天然存在于植物中的莨菪碱很不稳定，在提取过程中经化学处理可得到稳定的莨菪碱，即（ ）。

A. 阿托品 B. 盐酸小檗碱 C. 磷酸可待因 D. 海洛因

19. 下列哪种毒品因成瘾性极强、危害极大而被视为最具破坏性的毒品（　　）。

A. 冰毒　B. 吗啡　C. 海洛因　D. 鸦片

20. 青霉素是下列哪种杂环化合物的衍生物（　　）。

A. 吡咯　B. 噻唑　C. 咪唑　D. 喹啉

（三）判断题

1. 杂环化合物是指由碳原子和非碳原子所构成的环状化合物。（　　）
2. 杂环化合物的种类很多，大体可根据环的数目分为单杂环和多杂环两大类。（　　）
3. 含一个杂原子的杂环，命名时从离杂原子最近的碳原子开始编号。（　　）
4. 含两个不同杂原子的杂环，命名时按 O、S、N、NH 的先后顺序编号。（　　）
5. 苯的稳定性大于呋喃。（　　）
6. 苯、呋喃、吡咯都具有芳香性。（　　）
7. 吡咯是一个叔胺，有很强的碱性。（　　）
8. 嘧啶衍生物有酮式和烯醇式的互变异构现象。（　　）
9. 含氮化合物都是碱性化合物。（　　）
10. 杂环化合物中不存在碳环结构。（　　）
11. 杂环化合物中的杂原子主要有 O、S、N 等。（　　）
12. 杂环化合物的环系比较稳定，具有一定的芳香性。（　　）
13. 生物碱是生物体内一类含氮的具有生理活性的有机碱性化合物。（　　）
14. 腺嘌呤也称为 5-氨基嘌呤。（　　）
15. 生物碱一般易溶于水，难溶于乙醚等有机溶剂。（　　）
16. 生物碱通常根据其来源命名，如麻黄碱来源于麻黄。（　　）
17. 生物碱的盐能溶于水，临床上常利用此性质来改变生物碱类药物的水溶性。（　　）
18. 麻黄碱、吗啡、小檗碱和苯胺都属于生物碱。（　　）
19. 吗啡是人类最早使用的一种麻醉剂。（　　）
20. 小檗碱具有显著的抗菌作用，临床上常用其盐酸盐治疗肠炎和细菌性痢疾。（　　）

（四）名词解释

1. 杂环化合物
2. 杂原子
3. 生物碱
4. 生物碱沉淀剂
5. 生物碱显色剂

（五）简答题

1. 指出下列杂环化合物中基本杂环的名称。

（1）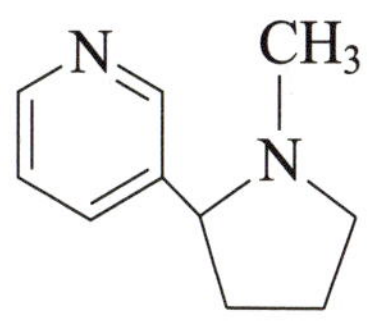　（2）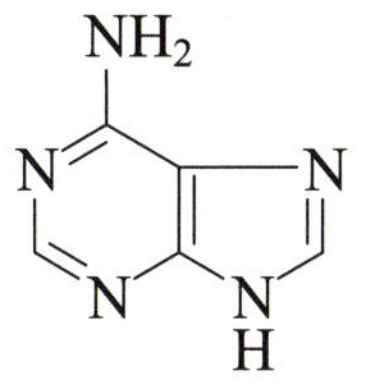　（3）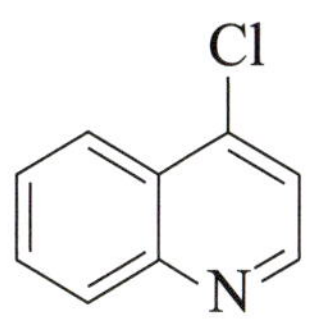

（4）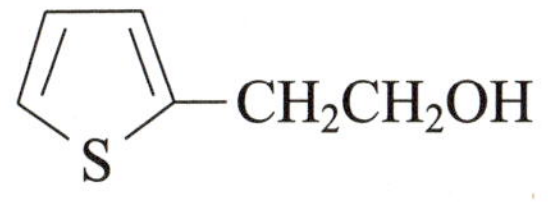　（5）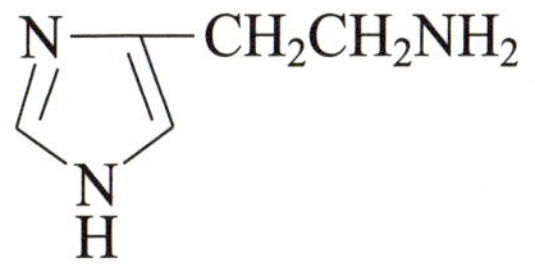　（6）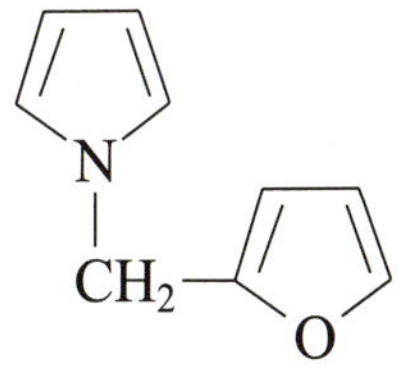

2. 写出下列杂环化合物的结构简式。

（1）噻吩　（2）咪唑　（3）嘧啶

（4）喹啉　（5）2-氯吡咯　（6）γ-吡啶甲酸

3. 命名下列杂环化合物。

（1）　（2）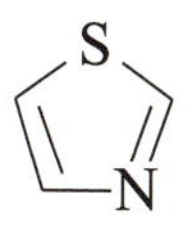　（3）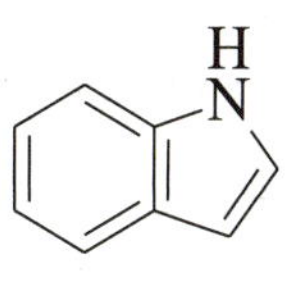

（4）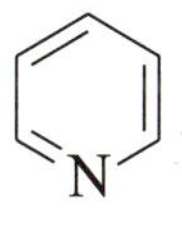　（5）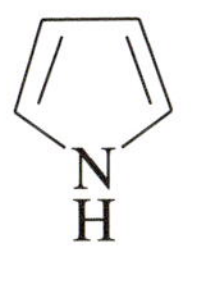　（6）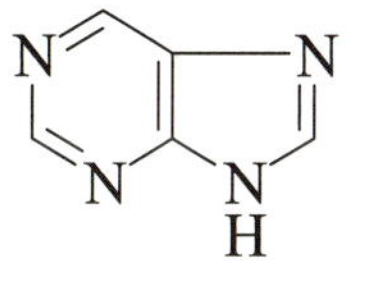

4. 如何检验呋喃和吡咯？

5. 什么是生物碱？它们大多属于哪一类化合物？有什么用途？

6. 何为生物碱显色剂？常用的生物碱显色剂有哪些？

7. 如何区分小檗碱和阿托品？

8. 将下列化合物按碱性大小排序

（1）甲胺　（2）苯胺　（3）吡咯　（4）吡啶　（5）氨

二、实践探究

1. 以下是医疗和生活中涉及的生物碱及主要功效，根据学到的知识或查阅资料，填写来源并连线。

来源	生物碱	功效
烟草	烟碱	剧毒，农业杀虫剂

________	吗啡	治疗肠胃平滑肌痉挛等
________	小檗碱	味苦,治疗肠炎、痢疾等
________	麻黄碱	毒品,临床上用作镇痛剂
________	阿托品	治疗支气管哮喘、过敏性反应等

2. 每年的 6 月 26 日是国际禁毒日。查阅资料,以小组为单位进行主题为“珍爱生命、远离毒品”的公益活动设计比赛。

3. 我国是最早种茶、制茶和饮茶的国家,几千年来积淀了丰富的茶文化。茶叶中含有茶多酚、氨基酸、多糖等有益成分,其中茶多酚是茶叶中含量最高、最重要的有机化合物。查阅资料,了解茶多酚的结构特点和主要功效,并给出几条正确的饮茶建议。

4. 组胺是人体内的一种化学传导物质,它的结构如图所示,组胺中含有三个氮原子。请按碱性从强到弱的顺序给这三个氮原子排序,并说明理由。

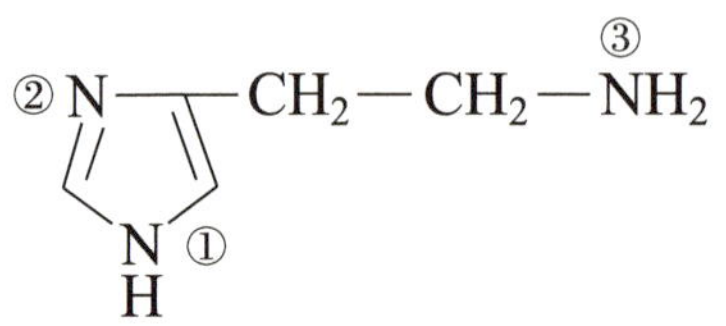

5. 麻黄碱经常用于治疗支气管哮喘、鼻黏膜肿胀、过敏性反应、各种原因引起的低血压等,但临床用药为盐酸麻黄碱,请简述原因。

三、迁移应用

1. 小王被头皮屑困扰数年,医生建议他使用含有酮康唑成分的药用洗发产品洗发。经过一段时间的使用,小王的头皮屑明显减少,头皮发痒的症状也得到了改善。酮康唑的结构简式如图所示。

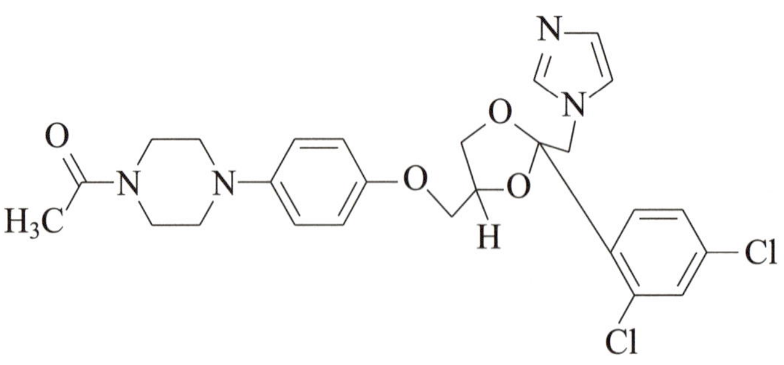

请问它是哪类化合物的衍生物?为什么酮康唑可用于治疗头屑头痒?

2. 血红素存在于哺乳类动物的红细胞中,是 Fe^{2+} 与一个复杂的杂环结构(卟吩)形成的配位化合物,卟吩的分子中有 4 个吡咯环:

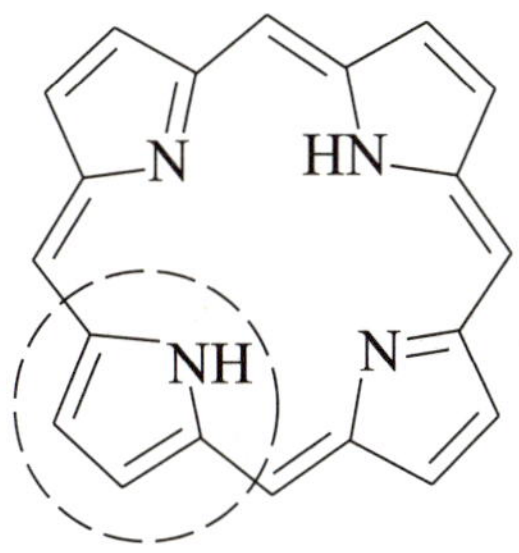

吡咯环

卟吩

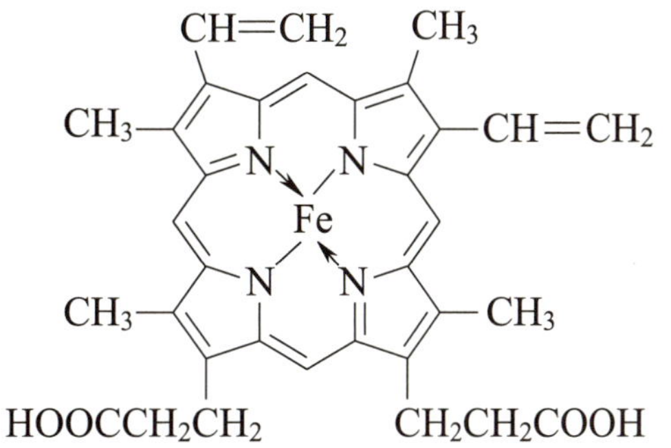

血红素

血红素又称亚铁血红素。在血液中，血红素与蛋白质结合形成血红蛋白，血红蛋白是运输氧气的载体。载氧原理是 Fe^{2+} 可以和 O_2 结合形成配位键，载氧的血红蛋白随血液流动，将氧气输送到机体的各部位。血红蛋白载氧实质上是通过血红素中的 Fe^{2+} 实现的。

请根据以上信息分析 CO 中毒的原理。并应用化学平衡移动的原理，简要叙述抢救 CO 中毒患者应采取哪些措施。

〖拓展延伸〗

青　霉　素

19 世纪至 20 世纪初，霍乱、疟疾、肺炎、肺结核、鼠疫等疾病是人类面临的最大威胁。那时候的人只要得了这些疾病，就只能慢慢地等待生命的结束。1928 年，苏格兰细菌学家亚历山大·弗莱明发现了青霉素。随着青霉素的发现，肺炎得到了有效的治疗和控制。弗莱明把这种物质命名为“盘尼西林”。但是，由于缺乏化学知识，他并没有得到纯净的盘尼西林，他的发现在当时也没有引起人们的重视。

1938—1939 年，澳大利亚病理学家弗洛里对弗莱明发现的青霉素产生了浓厚的兴趣。幸运的是，弗洛里得到了德国化学家钱恩的帮助。他们共同提取纯化青霉素，得到了纯净的青霉素。1940 年的首次人体实验发现青霉素的疗效非常好，而且用量很少，副作用很低。青霉素的发现揭开了人类抗菌史的新篇章，弗莱明、弗洛里和钱恩因此获得了 1945 年诺贝尔生理学或医学奖。二战期间，出现了大量伤员，为了防止伤员伤口感染及其他疾病，药厂开始大量生产青霉素，挽救了数以万计的生命。

樊庆笙，江苏常熟人，出生于 1911 年，1940 年赴美留学，1944 年历经曲折回国。在中国，第一批盘尼西林制剂是由樊庆笙研制的，樊庆笙将其命名为青霉素。从此，这个名字一直沿用到今天。由此中国成为世界上能够研制盘尼西林的七个国家之一。樊庆笙揭开了中国生产抗生素的历史，是我国青霉素引进、研制、定名、生产的先驱。樊庆笙也被誉为“中国青霉素之父”。

第九章

糖类

〖学习引导〗

一、前置知识

1. 有机化合物根据碳原子的连接方式（碳的骨架）不同可分为开链化合物和环状化合物；由于环张力的存在，环状化合物中五元环和六元环最稳定，在自然界中能够稳定存在。

2. 同分异构现象在有机化合物中普遍存在，有机化合物的同分异构可以分为构造异构和立体异构两大类；构造异构是指分子式相同而分子中原子间互相连接的方式与顺序不同所引起的异构现象；立体异构是指具有相同的分子式且原子连接顺序相同，但空间排列方式不同而引起的异构。

3. 连接 4 个不同原子或基团的碳原子称为手性碳原子，含有手性碳原子的化合物有可能存在对映异构；对映异构就像左右手，是实物与镜像的关系，不可能完全重合；对映异构体的构型可用 D–L 构型标记法和 *R*–*S* 构型标记法表示。

4. 可使偏振光的偏振面发生改变的物质称为旋光性物质，对映异构体的比旋光度相等，但旋光方向相反；对映异构体具有完全相同的化学性质，具有不同的旋光性，会使偏振光向相反的方向旋转，往往在生物活性上有显著的不同。

5. 羟基与饱和碳原子直接相连为醇，醇中的羟基称为醇羟基；醛和酮均为烃的含氧衍生物，称为羰基化合物，羰基中的氧原子与碳原子以双键结合；醇可以与醛（酮）中的羰基加成生成半缩醛（酮），半缩醛（酮）的羟基较活泼，在相同的条件下，继续与过量的醇作用，失去 1 分子水，生成稳定的缩醛（酮）。

二、重点概览

糖类在人类生命活动过程中起重要作用，是一切生物体维持生命活动所需能量的主要来源，是生物体组织和细胞的重要成分，是人体内合成脂肪、蛋白质和核酸的重要原料。本章重点认识单糖、双糖及多糖的结构、性质及应用，理解其还原性等典型性质与结构之间的关系，形成结构决定性质、性质决定应用的观念。了解单糖溶液的变旋光现象，理解糖的开链结构和环状结构的相互转化，发展变化理念及平衡思想。理解两分子单糖结合形成双糖的不同结合方式与双糖还原性之间的关系，了解糖的微观结构变化与宏观变旋光现象、还原性之间的关系。了解各种糖的生理意义及对人类健康的重要意义，知道化学与生命的重要关系，形成健康的饮食习惯。

1. 单糖是多羟基醛或多羟基酮，含有醛基的糖称为醛糖，含有酮基的糖称为酮糖；根据分子中所含碳原子的数目，单糖又可分为丙糖、丁糖、戊糖和己糖等。

2. 常见的单糖为果糖与葡萄糖，互为同分异构体；葡萄糖属于己醛糖（$C_6H_{12}O_6$），有开链式（图 9–1）、六元环吡喃式两种结构，吡喃环结构存在着 α 和 β 两种异构体；果糖属于己酮糖（$C_6H_{12}O_6$），有开链式、五元环呋喃式和六元环吡喃式三种结构，呋喃式和吡喃式两种结构各存在 α 和 β 两种异构体。

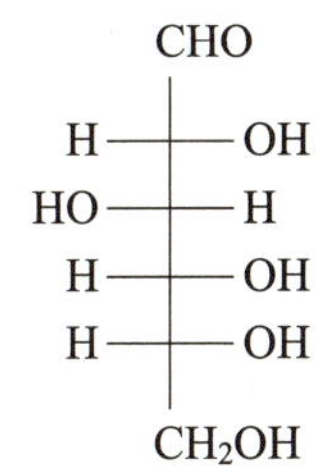

图 9–1　葡萄糖的开链式

3. 开链单糖的构型用 D、L 表示，自然界中存在的都是 D 型糖；环状结构的构型用 α、β 表示；由于开链结构和环状结构之间可以相互转化（如图 9–2 所示），葡萄糖和果糖都存在变旋光现象。葡萄糖的哈沃斯式如图 9–3 所示。

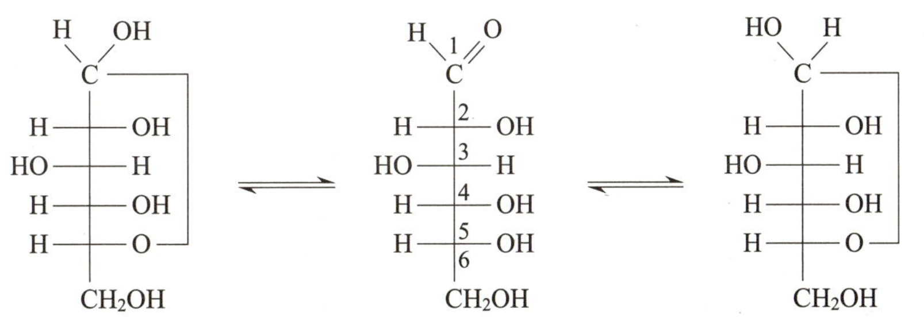

α–D–(+)–葡萄糖（环形半缩醛式）36.4%　　D–(+)–葡萄糖（开链式）<0.01%　　β–D–(+)–葡萄糖（环形半缩醛式）63.6%

图 9–2　葡萄糖开链结构与环状结构的转化

4. 单糖的结构中存在多个羟基、醛基（酮基）和半缩醛（酮）羟基，具有醇和醛的性质，又具有半缩醛（酮）的性质；由于多个官能团间的相互作用，还表现出其特殊性：① 容易被氧化，葡萄糖和果糖都能与托伦试剂发生银镜反应；② 醛糖能与溴水反应，可通过溴水褪色与否区分醛糖和酮糖；③ 单糖可以与磷酸发生成酯反应；④ 半缩醛羟基与醇发生成苷反应。银镜反应的化学方程式如下：

$$单糖 +[Ag(NH_3)_2]OH \xrightarrow{\triangle} 复杂产物 +Ag\downarrow$$

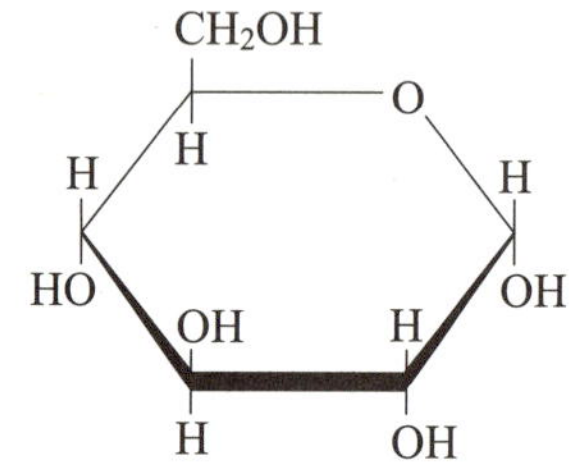

图 9–3　葡萄糖的哈沃斯式

5. 双糖分子水解后可生成 2 分子的单糖，也可以将双糖看作由 2 分子单糖脱水缩合而成的糖苷；常见的双糖有麦芽糖、蔗糖和乳糖等，它们的分子式都是 $C_{12}H_{22}O_{11}$，彼此互为同分异构体；麦芽糖和乳糖存在苷羟基，为还原性双糖，具有变旋光现象、还原性，可以形成糖苷；蔗糖不存在苷羟基，为非还原性双糖，无变旋光现象和还原性，也不能形成糖苷。

6. 多糖可以水解为多个单糖分子，可看作由 10 个以上单糖分子脱水缩合而成的糖苷，广泛存在于自然界中，重要的多糖有淀粉、糖原和纤维素；多糖一般为无定形粉末，没有甜味，大多数不溶于水，个别能与热水形成胶体溶液；多糖没有还原性，没有变旋光现象。

7. 淀粉分为直链淀粉和支链淀粉（图 9–4），通常所说的淀粉是指 2 种淀粉的混合物。直链淀粉又称为可溶性淀粉；支链淀粉又称为胶体淀粉，在淀粉中的含量为 70%~80%，是一种分支较多、分子量比直链淀粉更大的多糖；直链淀粉遇碘呈蓝色，支链淀粉遇碘呈紫色。

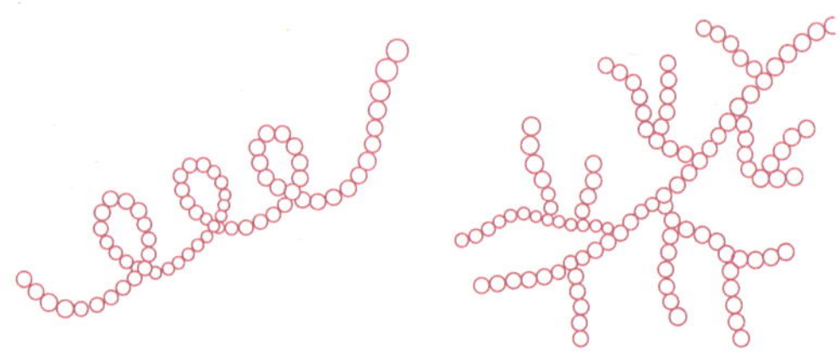

图 9–4　直链淀粉和支链淀粉的结构示意图

8. 糖原的结构与支链淀粉相似，但分支更密、更短；糖原是无定形粉末，不溶于冷水，加热也不糊化，遇碘呈红色；糖原是人体中葡萄糖的储存形式，存在人体的肝脏和肌肉中。

9. 纤维素的分子量很大，其结构与直链淀粉相似；纤维素的性质稳定，一般不溶于水和有机溶剂，但在一定条件下，某些酸、碱和盐的水溶液可使纤维素发生溶胀或溶解。

三、难点释疑

1. 单糖的结构和性质有何特点？

（1）葡萄糖　① 开链式。葡萄糖属于己醛糖（$C_6H_{12}O_6$），己醛糖的分子结构中有 5 个羟基和 1 个醛基，含有 4 个手性碳原子，共有 16 个光学异构体。葡萄糖是己醛糖的 8 对对映体中的一对，即 D–葡萄糖和 L–葡萄糖。在自然界中存在的葡萄糖是 D 型的，为右旋体，常表示为 D–（+）–葡萄糖。② 氧环式。在葡萄糖分子结构中既有醛基，又有羟基，可发生自身缩合反应，形成具有半缩醛结构的含氧六元环。由于醛基转变为半缩醛羟基，在空间有 2 种排列形式，它们是 D–葡萄糖 2 种环状的异构体。葡萄糖存在变旋光现象，与开链式不同，氧环式不能与席夫试剂发生显色反应。

（2）果糖　① 开链式。果糖是己酮糖（$C_6H_{12}O_6$）的 8 个光学异构体中的一对，与葡萄糖互为同分异构体。果糖分子中第二位碳原子形成酮基。② 氧环式。果糖分子中的酮基由于受到相邻碳原子上羟基的影响活性较高,也可形成具有半缩酮结构的氧环式。酮基可以分别形成具有五元环的呋喃果糖和六元环的吡喃果糖。果糖水溶液中同样存在着环状结构和链状结构的动态平衡,因而果糖也具有变旋光现象。果糖是常见糖中最甜的糖。

单糖与碱性弱氧化剂反应,为还原糖。葡萄糖和果糖都能够与托伦试剂发生银镜反应。单糖可以被费林试剂氧化,生成红色沉淀。醛糖与酸性氧化剂反应,葡萄糖能与溴水反应生成葡糖酸,可以用溴水鉴别醛糖和酮糖。此外单糖还可以与磷酸反应生成酯、与醇反应生成苷。

2. 葡萄糖、果糖均可以被氧化剂托伦试剂、费林试剂氧化,但葡萄糖能与氧化剂溴水反应而果糖却不能,为什么?

葡萄糖分子中含有醛基,具有较强的还原性,既能被碱性氧化剂托伦试剂、费林试剂氧化,又能与酸性氧化剂溴水反应。果糖属于酮糖,在碱性条件下可互变异构化为葡萄糖和甘露糖,并以动态平衡的形式共存。托伦试剂、费林试剂均为碱性溶液,在碱性反应条件下,果糖会不断地转化为葡萄糖和甘露糖而发生反应;但是,溴水为弱酸性溶液,果糖在酸性条件下不能异构化为葡萄糖和甘露糖,因此,果糖不能被溴水氧化。

3. 双糖的结构和性质有何特点?

双糖的分子式都是 $C_{12}H_{22}O_{11}$,彼此互为同分异构体。常见的双糖有麦芽糖、蔗糖和乳糖等。如果双糖由 1 分子单糖的苷羟基与另 1 分子单糖的醇羟基脱水缩合形成,由于保留了其中一个单糖分子的苷羟基,所以可表现出与单糖相同的某些性质,如具有变旋光现象、还原性、可以形成糖苷。这样的双糖称为还原性双糖。重要的还原性双糖有麦芽糖和乳糖等。如果双糖由 2 分子单糖的苷羟基脱水缩合而成,分子中已没有游离的苷羟基,因而无变旋光现象和还原性,也不能形成糖苷。这样的双糖称为非还原性双糖。常见的非还原性双糖有蔗糖(图 9-5)和海藻糖等。

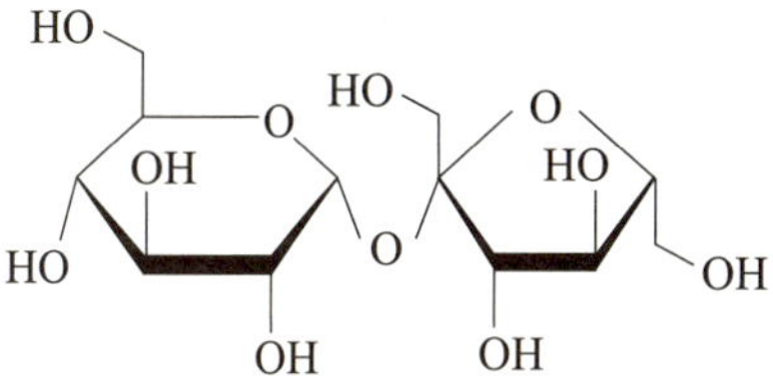

图 9-5　蔗糖的分子结构式

4. 多糖的结构和性质有何特点?

多糖可看作由 10 个以上单糖分子间脱水缩合而成的糖苷,通式为$(C_5H_{10}O_5)_n$,它们的分子量较大,属于高分子化合物,淀粉、糖原和纤维素是重要的多糖。多糖的性质与单糖、寡糖有较大的差别,一般为无定形粉末,没有甜味,大多数不溶于水,个别能与热水形成胶体溶液。多糖无变旋光现象,某些多糖分子链的末端虽有苷羟基,但因分子量很大,故不显还原性。

淀粉分为直链淀粉和支链淀粉,直链淀粉呈卷曲盘绕的螺旋状,每圈包含 6 个葡萄糖单元,可溶于热水;支链淀粉呈树枝状,分子量更大,在热水中膨胀成糊状。直链淀粉遇碘呈蓝色，支链淀粉遇碘呈紫色，加热即褪色，冷却后颜色复现。糖原是无定形粉末，不溶于冷水，加热也不糊化，遇碘呈红色；糖原的结构与支链淀粉相似，但分支更密、更短。

5. 多糖在人的生命活动中有何重要意义？

糖是与生命活动息息相关的重要的生物分子。糖不仅可以以多糖或游离寡糖的形式直接参与生命过程，而且具有生物活性和药理作用。

淀粉在酸的作用下水解，逐步生成分子较小的糊精，进一步水解成麦芽糖，最终生成葡萄糖。淀粉在体内能被酶催化水解成葡萄糖，供机体利用。糖原是葡萄糖的储存形式，当血液中的葡萄糖含量低于正常水平时，糖原即分解为葡萄糖，供给肌体能量。糖原在人体代谢中起重要作用。当人体从淀粉中获得葡萄糖后，经过血液将葡萄糖输送到全身，并以糖原形式储存于肝脏和肌肉中。肝糖原在人体内起着调节血糖浓度的作用，肌糖原在剧烈运动时，通过无氧代谢转变成乳酸释放能量以供肌体需求。纤维素的分子量很大，其结构与直链淀粉相似，性质稳定，一般不溶于水和有机溶剂，但在一定条件下，某些酸、碱和盐的水溶液可使纤维素发生溶胀或溶解。人的胃肠不能分泌纤维素水解酶，因此纤维素不能直接作为人的营养物质，但膳食中的纤维素能促进肠蠕动，具有通便作用，所以纤维素在人类的食物中也是不可缺少的。

〖能力提升〗

1. 代餐粉是一种减肥食品。你知道代餐粉含有什么营养成分，它具有什么局限性，又该如何正确食用代餐粉吗？

（1）代餐粉的营养成分　代餐粉一般包括蛋白质、脂肪、糖类、膳食纤维、维生素、矿物质和微量元素等多种营养物质。这些成分能够提供人体所需的营养，并帮助减少饥饿感、增强体力、调节体重等。其中，蛋白质的含量较高，脂肪和糖类的含量较低。这种营养成分搭配有助于控制热量摄入。

（2）代餐粉的局限性　首先，代餐粉无法满足人体的全部营养需求。尽管代餐粉营养成分较为全面，但仍不能替代正常饮食。长期单一食用代餐粉可能导致某些营养素的缺乏。其次，长期摄入代餐粉可能会对身体产生不良影响，导致出现头晕、乏力、脱发、精神差、皮肤粗糙等营养不良反应。

（3）如何正确食用代餐粉　代餐粉在调节体重方面有一定的作用，但并不能替代正常的饮食。在食用代餐粉时，应注意合理搭配其他食物，确保身体获得全面营养。

2. 血糖是人体血液中的葡萄糖，正常人体每天需要很多的糖来提供能量，血糖与人体健康有什么关系呢？

（1）血糖的作用 血糖是指血液中的葡萄糖，它是人体重要的能量来源。正常人的血糖浓度在空腹时为 3.9~6.1 mmol/L，餐后 2 h 可略升高，但不应超过 7.8 mmol/L。血糖是人体细胞的主要能量来源，通过氧化供能，为身体的各种生理活动提供动力。此外，血糖也是身体组织器官尤其是大脑神经细胞的主要营养物质，对于维持身体各个系统的正常功能至关重要。血糖的代谢过程主要包括摄取、合成、分解和转化四个阶段。在摄取阶段，食物中的糖分被消化吸收进入血液；在合成阶段，血糖被肝脏、肌肉等组织合成糖原储存起来；在分解阶段，当身体需要能量时，糖原被分解成葡萄糖供身体利用；在转化阶段，身体将多余的血糖转化为脂肪等非糖物质储存起来。

（2）血糖的异常 血糖异常的原因有多种，主要包括糖尿病、熬夜、压力等因素。糖尿病是一种常见的慢性疾病，它导致身体无法有效利用血糖，进而引起高血糖。熬夜和压力等因素则可能导致身体激素分泌紊乱，进而影响血糖浓度。血糖异常的症状有很多，主要包括口渴、尿多、体重减少、视力下降等。口渴是因为高血糖导致细胞脱水；尿多是因为肾脏对糖的过滤增加；体重减少是因为身体无法有效利用血糖，只能消耗脂肪和肌肉供能；视力下降是因为高血糖导致眼球晶体渗透压改变，影响了视力。

（3）血糖管理与控制 要控制血糖，需要从饮食、运动、药物等多个方面入手。饮食方面，应控制糖类的摄入量，多吃蔬菜、水果、全谷类食物和蛋白质食物；运动方面，应保持适当的运动量，如每周应进行 150 min 以上的有氧运动；药物方面，应根据医生的建议使用降糖药物或胰岛素。同时，应注意监测血糖，及时发现并调整治疗方案。对于糖尿病患者，应定期进行并发症检查，如眼部检查、肾功能检查等。

（4）健康生活与血糖 控制血糖主要包括以下几个方面：健康饮食，应控制饮食中糖类和脂肪的摄入量，多吃蔬菜、水果、全谷类食物和蛋白质食物。同时，应注意适量摄入各种营养素，避免营养过剩或不足。规律作息，应保持规律的作息时间，避免熬夜和过度劳累。充足的睡眠有助于身体的恢复和调节，有助于维持血糖稳定。应杜绝吸烟、饮酒等不良生活习惯，以及避免压力过大，这些可能导致身体内分泌紊乱，进而影响血糖浓度。此外还要经常锻炼身体，适当的运动有助于维持身体代谢的正常运转，有助于控制血糖。建议每天进行适量的有氧运动，如散步、慢跑等。另外还要定期体检，进行血糖检测，以及其他的身体检查。这有助于及时发现问题并进行相应的治疗。

3. 红糖、白糖和冰糖都是日常饮食中经常用到的，那么它们有什么区别呢？

红糖、白糖和冰糖都是常见的糖类食品，它们在原料、制作工艺、风味、口感、营养价值等方面存在一些区别。

（1）原料与制作工艺 红糖是由甘蔗榨汁后直接熬煮而成的糖，其颜色通常较深，呈红褐色或深褐色。白糖则是以甘蔗或甜菜榨汁后，经过脱色、提纯等工艺处理后制成的，颜色较浅，通常呈白色。而冰糖则是由白糖进一步加工制成的，是一种更为纯净的糖类，呈透明状，具有冰晶般的花纹。

（2）风味与口感 红糖具有浓郁的甜味和独特的香味，口感较为粗糙，带有一些蜜味和酒味。白糖的甜度较高，但香味较淡，口感细腻。而冰糖则具有清甜、纯净的口感，没有其他异味，且甜度更高。

（3）营养价值 红糖、白糖和冰糖都富含糖类，具有较高的热量和能量。其中，红糖由于没有经过多重的纯化处理，含有丰富的微量元素和矿物质，具有滋补身体的作用。白糖则具有较高的纯度，易于消化吸收。而冰糖则富含维生素和抗氧化物质，具有润肺止咳、清热解毒的作用。

〖素养养成〗

一、强化基础

（一）填空题

1. 糖类是由____、____、____三种元素组成的，糖类又称________。

2. 我们熟知的葡萄糖、蔗糖、淀粉、纤维素等都属于________。

3. 根据性质和结构不同，淀粉分为________和________。

4. 直链淀粉遇碘溶液呈________，支链淀粉遇碘溶液呈________，此反应非常灵敏，因此常用于检验________的存在。

5. 根据糖能否水解及水解生成单糖的数目，将糖分为________糖、________糖和________糖。

6. 构成淀粉的结构单元是________，淀粉可以用通式________表示。

7. 人体血糖的正常值是________mmol/L。

8. 糖原遇碘呈________。

9. 常见的双糖有________、________、________。

10. 淀粉和纤维素属于________。

（二）选择题

1. 蔗糖水解将产生（ ）。

A. 仅有葡萄糖 B. 果糖和葡萄糖

C. 乳糖和葡萄糖 D. 果糖和乳糖

2. 下列关于碳水化合物的叙述错误的是（ ）。

A. 是一类重要的天然有机化合物

B. 是由碳、氢、氧三种元素组成的

C. 又称为糖类

D. 分子中的氢原子和氧原子的数量比与水一样，都是 2∶1

3. 下列化合物属于戊糖的是（　　）。

A. 脱氧核糖　B. 果糖　C. 蔗糖　D. 麦芽糖

4. 下列糖类属于多糖的是（　　）。

A. 淀粉　B. 麦芽糖　C. 蔗糖　D. 葡萄糖

5. 蔗糖的同分异构体是（　　）。

A. 葡萄糖　B. 果糖　C. 麦芽糖　D. 纤维素

6. 葡萄糖和果糖结合形成（　　）。

A. 麦芽糖　B. 蔗糖　C. 乳糖　D. 纤维素

7. 糖类的生理功能是（　　）。

A. 提供能量　B. 蛋白聚糖的组成成分

C. 构成细胞膜的成分　D. 提供热量

8. 鉴别醛糖和酮糖可选用（　　）。

A. I_2　B. Br_2　C. HNO_3　D. $[Ag(NH_3)_2]OH$

9. 与葡萄糖互为同分异构体的是（　　）。

A. 果糖　B. 核糖　C. 麦芽糖　D. 乳糖

10. 下列物质属非还原糖的是（　　）。

A. 果糖　B. 蔗糖　C. 麦芽糖　D. 乳糖

11. 下列各组物质不是同分异构关系的是（　　）。

A. 蔗糖与麦芽糖　B. 葡萄糖与果糖

C. 核糖与脱氧核糖　D. 葡萄糖与半乳糖

（三）判断题

1. 淀粉和纤维素水解的最终产物都是葡萄糖，所以淀粉和纤维素都能作为人类的营养物质。（　　）

2. 水解后能生成两分子单糖的糖类称为双糖，如蔗糖和麦芽糖。（　　）

3. 常见的双糖有麦芽糖、蔗糖和乳糖等，它们的分子式相同，彼此互为同分异构体。（　　）

4. 蔗糖是自然界中分布最广的一种双糖。（　　）

5. 能水解为 3 个单糖分子的糖为双糖。（　　）

6. 麦芽糖、乳糖、蔗糖都为还原性双糖。（　　）

7. 所有糖类都是甜的。( )

8. 多糖可以水解为多个单糖分子,重要的多糖有淀粉、糖原和纤维素。( )

9. 糖原是人体中葡萄糖的储存形式。( )

10. 纤维素中葡萄糖的成键方式与淀粉相同。( )

(四)名词解释

1. 单糖
2. 双糖
3. 醛糖
4. 酮糖
5. 多糖
6. 还原糖
7. 非还原糖

(五)简答题

1. 淀粉分为哪几类?各有什么结构特点及性质?
2. 过多摄入糖类会对身体健康造成什么影响?
3. 草根、树皮等完全水解的产物也是葡萄糖,为什么不能作为人体的营养物质?
4. 简述蔗糖的性质和用途。

二、实践探究

1. 乳品和乳制品作为日常生活的重要食品,其品质直接关系到人们的健康。然而,一些不法商贩可能会在乳品和乳制品中掺入价格较低的淀粉以次充好。这种行为不仅损害了消费者的权益,还可能因为淀粉的过量摄入,影响人体的健康。请运用所学的知识,写出测定乳品和乳制品中淀粉的方法。

2. 葡萄糖是一种重要的糖类,广泛存在于生物体内的细胞和组织中。它不仅是人体最重要的能量来源之一,还参与了细胞代谢、免疫调节、神经传导等多种生理活动。请写出葡萄糖的分子式、结构类型及相应特性。

3. 纤维素是自然界中分布最广泛的一种多糖,绝大多数纤维素是由绿色植物通过光合作用合成的。纤维素在植物中构成细胞壁,是植物体的支撑物质。纤维素的分子量很大,其结构与直链淀粉相似。请写出纤维素的分子式和性质,并说明纤维素能否作为人类和动物的营养物质。

4. 查询资料,简要说明我国葡萄糖的生产和使用情况。

三、迁移应用

1. 葡萄糖是一种重要的糖类，广泛存在于生物体内的细胞和组织中。葡萄糖在工业、农业、动物饲料等领域也有着广泛应用。葡萄糖在生活、生产中有什么用途呢？

2. 人类过多地摄取糖类会对身体健康造成影响，如吃糖过多，多余的部分就会转化为脂肪，导致肥胖等。请概述过多摄取糖类有哪些危害。

〖拓展延伸〗

木 糖 醇

木糖醇是一种天然的甜味剂，其结构如图 9–6 所示。木糖醇和糖在化学结构上存在差异。木糖醇是一种五碳糖醇，由木糖加氢还原制得，而糖则是通过淀粉或果糖等原材料提取加工得到的。

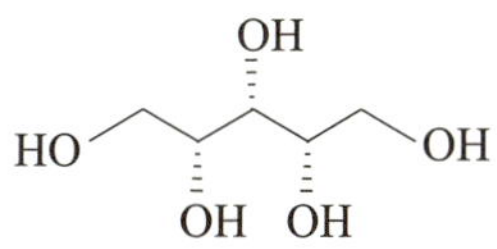

图 9–6 木糖醇的分子结构式

木糖醇有许多益处。首先，木糖醇可以控制血糖升高，其效果优于其他甜味剂。由于木糖醇在肠道内难以被吸收，它不会引起血糖突然升高，因此特别适合糖尿病患者食用。此外，木糖醇还可以有效防止龋齿，它的抗菌作用较强，能够抑制口腔中细菌的生长，从而达到预防龋齿的目的。

木糖醇在食品、饮料等领域被广泛应用。在口香糖、糖果、巧克力等食品中，木糖醇可以作为甜味剂替代糖。此外，木糖醇还可应用于无糖饮料、烘焙食品等领域。由于木糖醇具有保湿作用，它也被广泛应用于化妆品和护肤品中。

第十章

氨基酸、蛋白质、核酸

〖学习引导〗

一、前置知识

1. 官能团是有机化合物分子中能体现化合物特性的原子或原子基团，分子中具有两个官能团的化合物为双官能团化合物；羧酸分子中烃基上的氢原子被羟基等其他原子或基团取代的化合物称为取代羧酸，如羟基酸；羧酸主链碳原子的编号除用数字编号之外，也可用希腊字母 α、β、γ……表示，与羧基直接相连的第一个碳原子称为 α-碳原子，其他碳原子依次称为 β-碳原子、γ-碳原子……

2. 连接 4 个不同原子或基团的碳原子称为手性碳原子（也称为不对称碳原子），用 C^* 表示；手性碳原子所连的 4 个原子或原子团在空间中具有两种不同的排列方式，这两种构型是彼此成镜像关系、不能重合的一对立体异构体，称为对映异构体。

3. 有机化合物的同分异构体分为构造异构和立体异构；构造异构是指分子式相同而分子中原子间相互连接的方式与顺序不同所引起的异构现象；立体异构是指具有相同的分子式且原子连接顺序相同，但空间排列方式不同而引起的异构。

4. 羧酸具有酸性，是有机化合物中酸性最强的物质；脂肪胺具有碱性，是有机化合物中碱性最强的物质。

二、重点概览

本章重点是通过组成和成键方式了解氨基酸、蛋白质、核酸等物质的结构特点、分类和命名，理解羧基（—COOH）、氨基（$—NH_2$）等官能团对氨基酸的微观结构和宏观性质的决定作用，知道氨基酸、蛋白质、核酸等物质的性质和用途，了解蛋白质和核酸在生物体内的作用。

1. 羧酸分子烃基中的氢原子被氨基取代的化合物称为氨基酸，氨基酸分子中含有氨基和羧基，是双官能团化合物，属于取代羧酸；根据氨基酸分子中氨基和羧基的相对位置不同可分为 α-氨基酸、β-氨基酸、γ-氨基酸等，自然界存在的氨基酸几乎都是 α-氨基酸；除甘氨酸以外，其他 α-氨基酸均含有手性碳原子，因此它们都有一对对映异构体。

2. 氨基酸根据分子中氨基和羧基的相对数目不同，可分为中性氨基酸、酸性氨基酸和碱性氨基酸；氨基酸的命名以羧酸为母体，氨基为取代基，称为“α-氨基某酸”，α-氨基酸常按其来源或某些性质采用俗名命名；α-氨基酸中有 8 种是人体不能合成或合成不足的，称为人体必需氨基酸。

3. 氨基酸存在氨基和羧基两个官能团，既可以与酸、碱反应生成盐，又可以分子内作用形成内盐；还可以发生成肽反应、脱羧反应；与茚三酮反应生成蓝紫色的化合物，此反应可用于 α-氨基酸的鉴别；绝大多数氨基酸可以与亚硝酸反应，定量释放出氮气。

4. 氨基酸既可以发生酸式解离又可以发生碱式解离，即两性解离；将某种氨基酸溶液的 pH 调至一特定值，使酸性解离程度恰好等于碱式解离程度，氨基酸则全部以两性离子存在，静电荷为零，氨基酸分子呈电中性，此时溶液的 pH 称为该氨基酸的等电点，用“pI”表示；pH > pI 时，氨基酸主要以阴离子形式存在；pH = pI 时，氨基酸以两性离子形式存在，此时氨基酸的溶解度最小；pH < pI 时，氨基酸主要以阳离子形式存在。

5. 蛋白质和多肽都是由各种 α-氨基酸残基通过肽键相连的，通常将分子量在 10 000 以上的多肽称为蛋白质，10 000 以下的称为多肽；蛋白质可按化学组成不同分为单纯蛋白质和结合蛋白质，单纯蛋白质仅由 α-氨基酸组成，结合蛋白质由单纯蛋白质和非蛋白质两部分结合而成。

6. 蛋白质分子中存在着自由的氨基与羧基，蛋白质也可以发生两性解离；在一定条件下可以发生水解和颜色反应；通过盐析和变性可以将蛋白质沉淀，盐析沉淀的蛋白质不发生变性可以再溶解，变性的蛋白质不能再溶解。

7. 核酸的基本单位是核苷酸。核苷酸是核苷的磷酸酯。它是由 1 分子磷酸、1 分子戊糖、1 分子含氮碱基组成的；根据分子中所含戊糖种类的不同，核酸可分为核糖核酸（RNA）和脱氧核糖核酸（DNA）；核酸的空间结构是指多核苷酸链在三维空间的立体结构，DNA 具有双螺旋的二级结构；核酸是两性化合物，但酸性大于碱性，在一定条件下能够发生变性和复性。

三、难点释疑

1. 什么是蛋白质的四级结构?

蛋白质结构分为一、二、三、四级。蛋白质分子中 α-氨基酸的连接方式和排列顺序称为蛋白质的一级结构。肽键是构成蛋白质的主键,肽链可以依靠氢键形成卷曲盘旋和折叠的空间结构,称为蛋白质的二级结构。蛋白质的二级结构包括 α 螺旋和 β 折叠两种。蛋白质分子在二级结构的基础上进一步盘曲折叠形成的三维结构,即多肽链在空间的整体排布,称为三级结构。蛋白质由两条或两条以上具有三级结构的多肽链通过疏水作用力、盐键等次级键相互缔合而成,每一条三级结构的立体排布、三级结构间的相互作用与接触部位的布局称为四级结构。

2. 蛋白质的盐析与变性有何不同?

少量的盐(如硫酸铵、硫酸钠、氯化钠)能促进蛋白质溶解。当向蛋白质溶液中加入盐溶液达到一定浓度时,反而使蛋白质的溶解度降低而从盐溶液中析出,这种作用称为盐析。盐析后的蛋白质在继续加水稀释后仍能溶解,并不影响原来的蛋白质的性质。利用多次盐析和溶解,可以分离提纯蛋白质。

蛋白质在加热、加压、搅拌、振荡、紫外线照射、超声波等物理因素,或强酸、强碱、重金属盐(Cu、Pb、Hg 等)、三氯乙酸、乙醇、丙酮等化学因素作用下,分子严密的空间结构发生变化,从而使蛋白质的理化性质和生理功能发生改变,蛋白质发生沉淀的现象,称为蛋白质的变性。变性引起二级、三级及四级结构的破坏,变性后的蛋白质表现为溶解度减低、凝结或产生沉淀,同时失去原有的生理活性。

因此,蛋白质的盐析是可逆的,蛋白质的变性是不可逆的。

3. 如何利用颜色反应区分蛋白质和 α-氨基酸?

蛋白质是由 α-氨基酸通过肽键连接形成的高分子化合物,蛋白质与 α-氨基酸均与茚三酮试剂反应显蓝紫色,故不可用茚三酮反应区分蛋白质和 α-氨基酸。蛋白质分子中含两个或两个以上的肽键,蛋白质的碱性溶液与稀硫酸铜作用显红紫色,可用缩二脲反应区分蛋白质和 α-氨基酸。苯丙氨酸、色氨酸或酪氨酸残基的蛋白质与浓硝酸反应,加热变黄色,可用黄蛋白反应区分非苯丙氨酸、色氨酸或酪氨酸残基的蛋白质和 α-氨基酸。含酪氨酸残基的蛋白质与米伦试剂加热变暗红色,可用米伦反应区分非酪氨酸残基的蛋白质和 α-氨基酸。

4. 核苷酸有哪些种类?

根据五碳糖(戊糖)和含氮碱基的组成不同分类。组成脱氧核糖的核苷酸有四种,分别为腺嘌呤脱氧核糖核苷酸(A)、鸟嘌呤脱氧核糖核苷酸(G)、胞嘧啶脱氧核糖核苷酸

（C）、胸腺嘧啶脱氧核糖核苷酸（T）。组成核糖的核苷酸也有四种，分别为腺嘌呤核糖核苷酸（A）、鸟嘌呤核糖核苷酸（G）、胞嘧啶核糖核苷酸（C）和尿嘧啶核糖核苷酸（U）。

〖能力提升〗

1. 苯丙氨酸系统命名为2–氨基苯丙酸，是 α–氨基酸的一种，具有生物活性的光学异构体为L–苯丙氨酸，比旋光度为 –35.1°。苯丙氨酸是人体必需氨基酸之一，常温下为白色结晶或结晶性粉末固体，减压升华，溶于水，难溶于甲醇、乙醇、乙醚。苯丙氨酸广泛用于医药和制造阿斯巴甜。L–苯丙氨酸在生物体内可被辅酶四氢生物蝶呤不可逆地转化为L–酪氨酸，后继续分解，经转氨基作用生成少量苯丙酮酸，但先天性苯丙氨酸羟化酶缺陷的患者，其体内苯丙氨酸不能羟化生成酪氨酸，使苯丙酮酸生成增多，在血和尿中出现苯丙酮酸，导致智力发育障碍，称为苯丙酮尿症，故此类患者应忌食含苯丙氨酸的食品。苯丙氨酸的结构简式为：

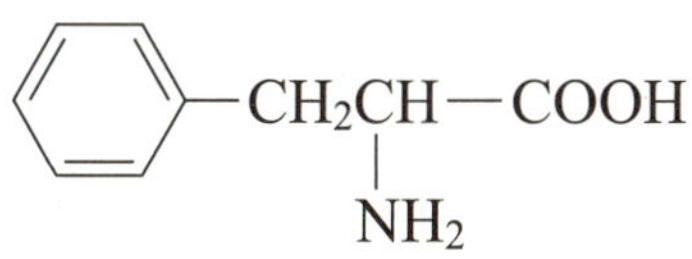

（1）该分子中的碱性基团是______________，苯丙氨酸与盐酸反应的化学方程式为：____。

（2）该分子中的酸性基团是__________，苯丙氨酸与NaOH溶液反应的化学方程式为：____。

（3）两分子苯丙氨酸缩合成二肽的反应方程式为：

____。

2. 青霉素是抗生素的一种，是分子中含有青霉烷、能破坏细菌的细胞壁并在细菌细胞的繁殖期起杀菌作用的一类抗生素，是一种从青霉菌中提取出的抗生素。青霉素属于 β–内酰胺类抗生素，β–内酰胺类抗生素包括青霉素、头孢菌素、碳青霉烯类、单环类、头孢霉素类等。青霉素是很常用的抗菌药品。但每次使用前必须做皮试，以防过敏。青霉素在体内经酸性水解后得到青霉氨基酸，其结构简式为：

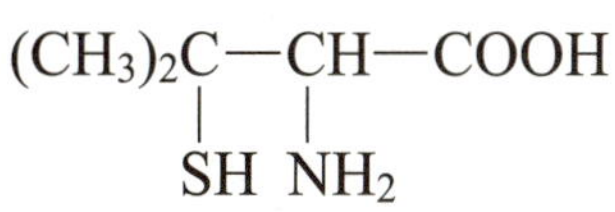

请写出青霉氨基酸可能具有的化学性质（不少于三条）：

____。

3. 阿斯巴甜的学名为天门冬酰苯丙氨酸甲酯，在室温下以白色粉末的状态存在，是一种天然的功能性低聚糖，甜度高、不易潮解、不致龋齿，糖尿病患者可食用。阿斯巴甜因其热量极低，又具有较高的甜度，可添加于饮料、药制品或无糖口香糖中作为糖替代品。阿斯巴甜具有一定的神经毒性作用。阿斯巴甜的代谢产物之一苯丙氨酸，在通过血－脑屏障时可能与其他大分子的中性氨基酸竞争，改变脑部原有氨基酸比值，进而干扰神经递质的传递。阿斯巴甜的摄入可能增加患者偏头痛的发生率，或延长病痛持续时间。

阿斯巴甜的结构简式如图所示。

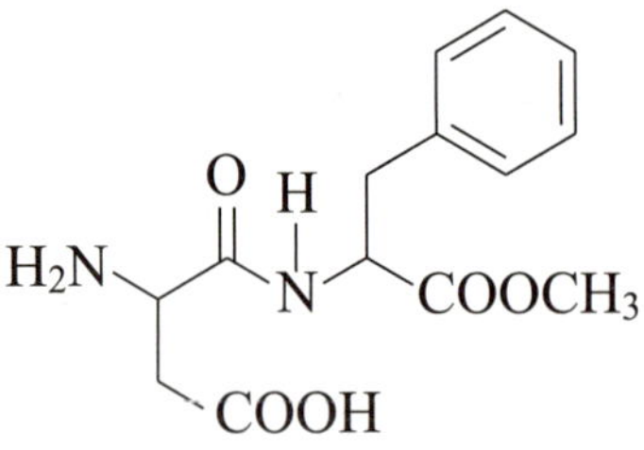

（1）阿斯巴甜的分子式为________________________。

（2）阿斯巴甜的水解产物中有两种氨基酸，分别为__________、__________，此外，还有________________________。

（3）阿斯巴甜______蛋白质（填“属于”或“不属于”），理由是________________。

（4）阿斯巴甜在一定条件下能发生的反应有：____________________。

〖素养养成〗

一、强化基础

（一）填空题

1. 氨基酸主要含有________、__________、________、________四种元素，少数还含有磷和硫，氨基酸既含有________基又含有________基，因此氨基酸具有________性。

2. 根据氨基和羧基的相对位置，氨基酸可以分为________氨基酸、________氨基酸、________氨基酸，其中组成蛋白质的氨基酸几乎都是________氨基酸。

3. 根据氨基酸分子中烃基的种类不同，可分为________氨基酸、________氨基酸、________氨基酸。

4. 由于氨基显________性，羧基显________性，所以根据氨基酸分子中氨基和羧基的相对数目不同，可以分为________氨基酸、________氨基酸、________氨基酸。

5. 二肽中的酰胺键称为________，其结构式为________。

6. 蛋白质与多肽一样是由各种 α – 氨基酸残基通过肽键相连的，通常将分子量在 10 000 以上的称为________，10 000 以下的称为________。

7. 蛋白质可按化学组成不同分为________蛋白质和________蛋白质。

8. 蛋白质的结构分为一、二、三、四级，其中一级结构中________是构成蛋白质的主键；二级结构主要包括________和________两种；三级结构是蛋白质分子在二级结构的基础上进一步盘曲折叠形成的________结构；四级结构是由________以上具有三级结构的多肽链通过疏水作用力、盐键等次级键相互缔合而成的。

9. 蛋白质的性质包括两性解离、________、________、________和颜色反应。

10. 蛋白质的盐析是可逆的，盐析后的蛋白质加水稀释后仍能溶解，并________原来蛋白质的性质，采用多次盐析和溶解，可以________蛋白质；蛋白质的变性是________的，变性后的蛋白质表现为溶解度降低、凝结或产生沉淀，同时失去原有的活性。

11. 核酸是由________、________、________、________、________五种元素组成的。

12. 核酸可分为________（简称 DNA）和________（简称 RNA）。

13. DNA 主要存在于________和线粒体、叶绿体内，它是生物遗传的主要物质基础，承担体内________的储存和发布。

14. RNA 主要存在于细胞质中，根据其在蛋白质合成过程中所起的作用不同又可以分为________（简称 rRNA）、________（简称 mRNA）、________（简称 tRNA）。

15. 通常情况下，测定样品中________元素的质量，即可计算出蛋白质的质量；测定样品中________元素的含量即可算出核酸的含量。

16. 核酸在稀盐酸中可以水解为________，核苷酸可以进一步水解为________和核苷，核苷可以水解为戊糖和碱基。其中戊糖可分为________或________；碱基可分为嘌呤和嘧啶，其中嘌呤分别是________、________；嘧啶分别是________、________、________。

17. 核酸的基本单位是________，也称单核苷酸。核苷酸是核苷的________。

18. RNA 的二级结构是由一条多核苷酸链盘绕成局部双螺旋或环状________结构；DNA 的二级结构是由两条走向________的多核苷酸链盘绕成右旋________结构。

19. DNA 为________状固体，RNA 为________色粉末。

20. 蛋白质的变性是不可逆的，脱氧核糖核酸的变性是可逆的，即变性后的核酸在适当条件下能够________。

21. 一般情况下，在 DNA 双螺旋结构中________与胸腺嘧啶配对，________与胞嘧啶配对，在 RNA 转录和翻译过程中腺嘌呤与________配对，鸟嘌呤与________配对。

（二）选择题

1. 下列 α – 氨基酸不含有手性碳原子的是（　　）。

A. 丙氨酸　B. 甘氨酸　C. 丝氨酸　D. 谷氨酸

2. 下列氨基酸不是人体必需氨基酸的是(　　)。

A. 缬氨酸　B. 苏氨酸　C. 酪氨酸　D. 异亮氨酸

3. 人体必需氨基酸中最重要的氨基酸是(　　)。

A. 赖氨酸　B. 蛋氨酸　C. 色氨酸　D. 苯丙氨酸

4. 下列氨基酸不能够与亚硝酸反应放出氮气的是(　　)。

A. 亮氨酸　B. 胱氨酸　C. 精氨酸　D. 脯氨酸

5. 糖类、油脂、蛋白质、核酸共同含有的元素是(　　)。

A. C、H、O　B. C、H、O、N

C. C、H、O、N、P　D. C、H、O、N、P、S

6. 下列关于酶的叙述,不正确的是(　　)。

A. 酶是一种糖类物质

B. 酶的催化作用具有选择性和专一性

C. 酶是生物体内的催化剂

D. 绝大多数酶受到高温或重金属盐作用时会变性

7. 下列有关酶的说法不正确的是(　　)。

A. 酶具有催化作用

B. 酶的催化作用具有选择性和专一性

C. 重金属盐能降低酶的活性

D. 酶只有在强酸或强碱条件下才能发挥作用

8. 下列关于蛋白质的说法不正确的是(　　)。

A. 蛋白质是由多种氨基酸加聚而成的高分子

B. 酒精消毒的原理是,酒精使细菌中的蛋白质变性而失去生理活性

C. 浓的 Na_2SO_4 溶液能使溶液中的蛋白质析出,加水后析出的蛋白质又溶解

D. 鉴别织物成分是蚕丝还是“人造丝”,可采用灼烧闻气味的方法

9. 下列说法正确的是(　　)。

A. 糖类、蛋白质都能发生水解反应

B. 糖类、油脂都是由 C、H、O 三种元素组成的

C. 油脂、蛋白质都是高分子化合物

D. 可用 KI 溶液区别淀粉溶液和蛋白质溶液

10. 可以用于鉴别淀粉溶液和蛋白质溶液的方法是(　　)。

A. 分别加入碘化钾溶液,观察颜色变化

B. 分别加热,观察是否生成沉淀

C. 分别滴加浓硝酸

D. 分别滴加浓盐酸

11. 青霉素是医学上一种常用的抗生素,其高效、低毒、临床应用广泛。青霉素在体内经酸性水解后,得到青霉氨基酸,其结构简式如图所示(分子中的—SH 与—OH 具有类似性质)。

$$(CH_3)_2C(SH)—CH(NH_2)—COOH$$

下列关于青霉氨基酸的推断合理的是(　　)。

A. 青霉氨基酸分子中所有碳原子均在同一直线上

B. 青霉氨基酸只有酸性,没有碱性

C. 青霉氨基酸分子间能形成多肽

D. 1 mol 青霉氨基酸与足量的金属钠反应生成 0.5 mol H_2

12. 下列物质中既能与盐酸反应,又能与 NaOH 溶液反应的是(　　)。

① $NaHCO_3$　　② $(NH_4)_2S$　　③ $Al(OH)_3$　　④ NH_4Cl

⑤ $H_2N–CH_2–COOH$　　⑥ CH_3COOH

A. ①②③　　B. ①②④⑤

C. ⑤⑥　　D. ①②③⑤

13. 市场上有一种添加蛋白酶的洗衣粉,能将衣物的汗渍、血渍等蛋白质水解而除去。下列衣料中,不能用加酶洗衣粉洗涤的是(　　)。

① 棉织品　② 毛织品　③ 腈纶织品　④ 丝织品

A. ②④　　B. ①②　　C. ①③　　D. ③④

14. 下列物质中与甘氨酸互为同分异构体的是(　　)。

A. $CH_3CH_2–O–NO_2$

B. $CH_3CH_2–NO_2$

C. $CH_3—CH(NH_2)—COOH$

D. 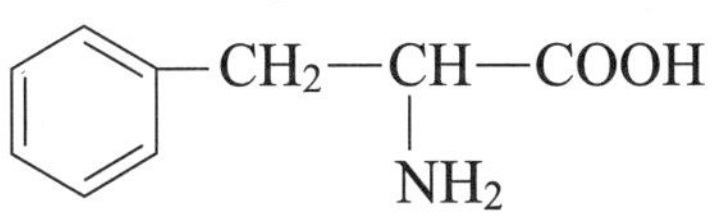

15. 分子式为 $C_{1864}H_{3012}O_{576}N_{468}S_{21}$ 的化合物,最可能是(　　)。

A. 核糖核酸　　B. 脂类　　C. 蛋白质　　D. 肝糖原

16. 图 10-1 表示不同化学元素所组成的生命大分子及其水解产物,以下说法错误的是(　　)。

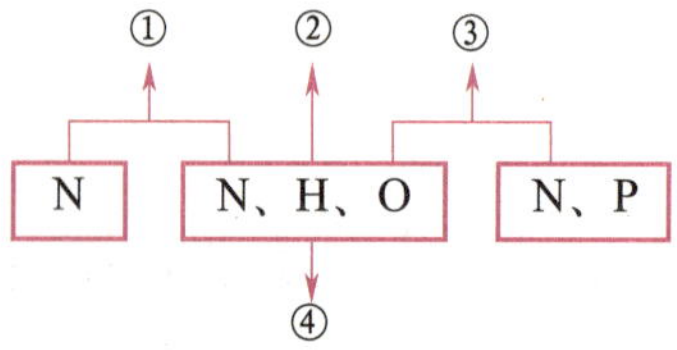

图 10-1

A. 若①为某种大分子的组成单位，则①最可能是氨基酸

B. 若②是人体中重要的储能物质，则②可能是脂肪

C. 若③为能储存遗传信息的大分子物质，则③一定是 DNA

D. 若④能够作为医疗注射物为人体提供能量，则④是葡萄糖

17. 下列说法正确的是（　　）。

A. 用丙氨酸（$CH_3-\underset{\displaystyle NH_2}{\underset{|}{CH}}-COOH$）与甘氨酸（$H_2NCH_2COOH$）缩合最多可得到四种链状二肽

B. 生物体遗传信息的载体只有核糖核酸（RNA）

C. 蛋白质的一级结构的主键是肽键与氢键

D. 绝大多数酶是蛋白质，具有高效的催化活性，本身不能水解

18. 下列有关核酸的叙述正确的是（　　）。

A. 核酸对生物体的生长繁殖、遗传变异等起着决定性作用，是生命活动的控制者，大量存在于细胞核中

B. 核酸控制着蛋白质的合成与细胞的分裂，主要存在于细胞质中

C. 生物体遗传信息的载体 DNA，大量存在于细胞核中，决定蛋白质的合成

D. 生物体遗传信息的载体 RNA，大量存在于细胞质中，控制蛋白质的合成

19. 下列说法正确的是（　　）。

A. 所有蛋白质遇浓 HNO_3 均变黄

B. 核酸是具有遗传信息的蛋白质

C. DNA 是生物体遗传信息的载体，蛋白质合成的模板

D. RNA 可以不根据 DNA 提供的信息，控制蛋白质合成

20. 核酸存在于一切生物体中，也是生命的基础物质。对核酸的研究是近年来科学研究最活跃的领域，以下关于核酸的论述正确的是（　　）。

A. 核酸是核蛋白的非蛋白部分，也是由氨基酸残基组成的

B. 核酸有核糖核酸和脱氧核糖核酸两类，共同对蛋白质的合成和生物遗传起重要作用

C. 核酸是高分子化合物，可以进一步水解得到核苷酸，核苷酸仍然是高分子化合物

D. 核酸的水解产物包括磷酸、脱氧核糖和碱基

21. 某 DNA 分子的片段如图所示，下列关于该片段的说法错误的是（　　）。

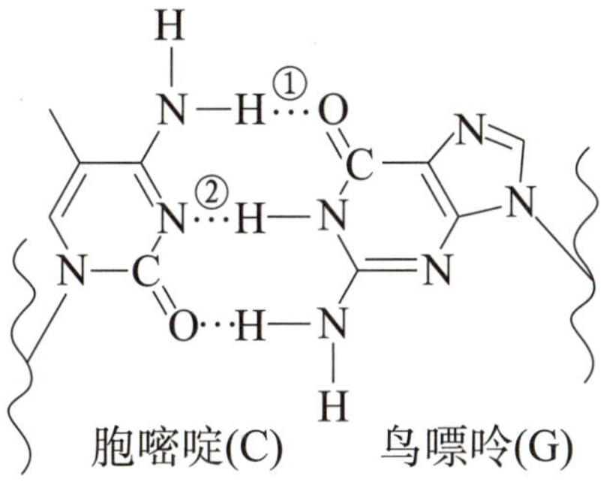

胞嘧啶(C) 鸟嘌呤(G)

A. 氢键的强度:①>②

B. 该片段中所有参与形成氢键的原子都在同一平面

C. 该片段在一定条件下可发生水解反应

D. 胞嘧啶与鸟嘌呤分子中酰胺基的化学活性并不完全相同

(三)判断题

1. 蛋白质、核酸都是含有 C、H、O、N 四种元素的高分子化合物。( )

2. 蛋白质中的 N 元素主要存在于肽键中,核酸中的 N 元素主要存在于碱基中。( )

3. 鸡蛋煮熟的过程中,高温使蛋白质的空间结构发生了不可逆的破坏。( )

4. 生物体内所有的酶都是蛋白质。( )

5. 蛋白质的结构都是线性的,核酸的结构都是双螺旋的。( )

6. 蛋白质和核酸都能够储存遗传信息。( )

7. 蛋白质和核酸都可以通过特定的序列确定其空间结构和功能。( )

8. 蛋白质是由核苷酸组成的大分子,核酸是由氨基酸组成的大分子。( )

9. 核酸包括 DNA 和 RNA 两种。( )

10. 蛋白质因氨基酸序列的不同排列而具有多样性。( )

11. 核酸因核苷酸序列的不同排列而具有多样性。( )

12. 必需氨基酸在人体内能够合成,也可以依靠食物来供给。( )

13. 所有的蛋白质都可以与浓硝酸发生黄蛋白反应。( )

14. 蛋白质在碱性溶液中与微量硫酸铜溶液反应呈现紫红色,蛋白质的含量越多,产生的颜色越浅。( )

15. 氨基酸和蛋白质都可以和茚三酮反应,生成蓝紫色的化合物。( )

16. RNA 和 DNA 中都含有 4 种碱基,且所含的碱基种类相同。( )

17. DNA 中所含的戊糖为核糖,RNA 中所含的戊糖为脱氧核糖。( )

18. 蛋白质和核酸都是两性化合物。( )

19. 蛋白质的盐析反应是可逆的,蛋白质的变性是不可逆的。( )

20. DNA 的变性是不可逆的。( )

（四）名词解释

1. 氨基酸
2. 必需氨基酸
3. 肽键
4. 氨基酸的两性解离
5. 氨基酸的等电点
6. 盐析
7. 蛋白质的变性
8. 黄蛋白反应
9. 核酸的变性
10. 核酸的复性

（五）简答题

1. 什么是必需氨基酸，人体的必需氨基酸有几种，分别是什么？

2. 简述蛋白质的分子结构。

3. 蛋白质是生命的基础，没有蛋白质就没有生命。

（1）蛋白质中主要含有____________（用元素符号表示）4 种元素。

（2）蛋白质是人体必需的营养物质。下列食物中，蛋白质含量最丰富的是（　　）。

A. 香蕉、苹果　　B. 米饭、馒头

C. 鱼、虾　　D. 西红柿、黄瓜

（3）下列物质中，既能与 NaOH 反应，又能与硝酸反应，还能水解的是（　　）。

① Al_2O_3　② $Al(OH)_3$　③ 氨基酸　④ 二肽　⑤ 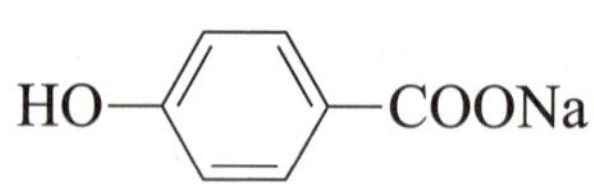

⑥ $(NH_4)_2CO_3$　⑦ $NaHCO_3$　⑧ 纤维素　⑨ 蛋白质　⑩ NH_4I

A. ①②③④　　B. ④⑤⑥⑦⑨⑩

C. ③④⑤⑥⑧⑨　　D. 全部

（4）下列有关蛋白质的叙述正确的是________。

① 温度越高，酶催化的化学反应速率越快

② 蛋白质水解的最终产物是葡萄糖

③ 重金属盐能使蛋白质变性，所以误食重金属盐会中毒

④ 氨基酸和蛋白质均是既能与强酸反应，又能与强碱反应的两性物质

4. 下面是核酸的结构片段：

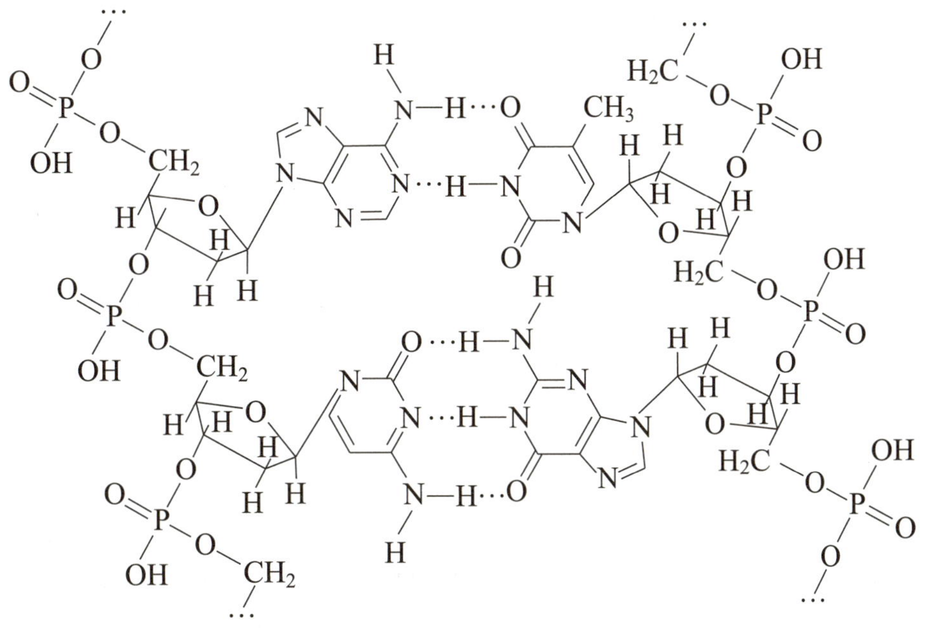

（1）根据该图分析，该核酸为____________（填“DNA”或“RNA”），图中的虚线表示____________。

（2）它在酶的作用下完全水解的产物中，含有_________、戊糖和碱基，该戊糖的分子式为_________，试写出水解生成的含氮原子数最少的碱基的结构简式：____________。

5. C、H、O、N、P 等元素可构成大分子物质甲～丙，如图 10–2 所示。

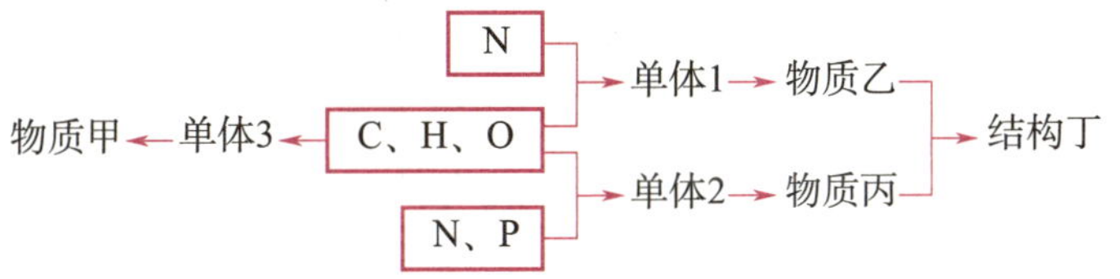

图 10–2

（1）若图中物质甲能与碘液发生反应显蓝色，则单体 3 为______________，由物质甲生成单体 3 的化学方程式为：____。

（2）若图中丁是由蛋白质和核糖核酸组成的细胞器，则单体 1 为____________，单体 2 为____________________。

（3）若物质丙可控制物质乙的合成，则物质丙通常为____________，物质丙水解得到的糖为____________。

（六）计算题

1. 某蛋白质充分水解后，能分离出有机化合物 R，R 可与等物质的量的 KOH 或 HCl 完全反应。3.75 g R 可与 50 mL 1 mol/L 的 NaOH 溶液完全中和，试通过计算写出 R 的分子式和结构简式。

2. A 是某天然蛋白质在一定条件下发生水解得到的产物之一。经测定：A 的分子量不超过 200，其中氧元素所占质量分数约为 26.5%；等物质的量的 A 分别与 NaOH、Na 充分反应，消耗两者的物质的量之比为 1∶2；经仪器分析可知 A 分子中含有苯环，不含—CH_2—和—CH_3 基团。通过计算求出 A 的摩尔质量和结构简式。

二、实践探究

1. 已知酪氨酸是一种生命活动不可缺少的氨基酸，其化学名称为 2–氨基–3–对羟苯基丙酸，它是一种含有酚羟基的芳香族极性 α–氨基酸。酪氨酸是人体的条件必需氨基酸和生酮生糖氨基酸。

酪氨酸于 1846 年从酪蛋白中被发现，为白色结晶性粉末，在水中结晶为针状或片状体。相对密度为 1.456（20 ℃），等电点为 5.66，对紫外线有吸收能力，在波长为 274 nm 处有最大光吸收，能还原磷钼酸 – 磷钨酸试剂（福林试剂）。熔点：左旋体 290~295 ℃时分解（缓慢加热），或 314~318 ℃时分解（快速加热），消旋体 290~295 ℃时分解（缓慢加热），或 340 ℃时分解（快速加热）。酪氨酸能溶于水、乙醇、酸和碱，不溶于乙醚。右旋体的水溶液与酪氨酸酶作用呈现红色。左旋体能摩擦发光，在 170 ℃时与氢氧化钡水溶液加热转变为消旋体，酪氨酸分子中酚羟基邻位易发生化学反应，与重氮苯磺酸偶联得到橙红色物质，与沸腾的稀醋酸和亚硝酸钠作用呈现紫色或红色，与浓硝酸作用呈黄色，在硫酸中与二氧化钛作用呈暗橙黄色。天然酪氨酸为左旋体，可由蛋白质水解、精制而得。酪氨酸的结构简式如下：

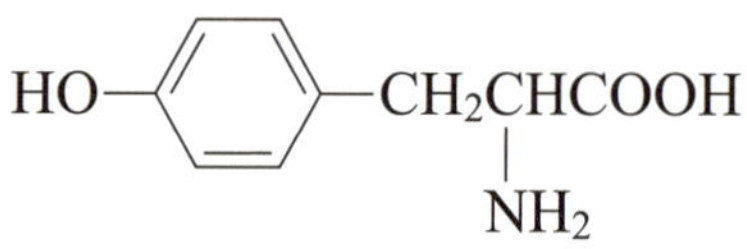

根据以上内容回答以下问题：

（1）酪氨酸能发生的化学反应类型有____________。（多选题）

A. 取代反应　　B. 加成反应　　C. 酯化反应

D. 中和反应　　E. 消去反应

（2）在酪氨酸的同分异构体中，同时满足如下三个条件的，除酪氨酸外还有________种。分别是：____。

① 属于 α–氨基酸且“碳骨架”与酪氨酸相同；

② 羟基直接连在苯环上；

③ 氨基（$-NH_2$）不与苯环直接相连。

（3）写出酪氨酸与足量的 NaOH 溶液反应的化学方程式：

____。

2. 谷胱甘肽在保护人体组织的生物结构和功能上起重要作用。谷胱甘肽是由谷氨酸、甘氨酸和半胱氨酸合成而来的三肽，是人体自身不断产生的重要的抗氧化剂。人体要制造谷胱甘肽，主要的制约因素就是半胱氨酸的水平——相比之下，谷氨酸和甘氨酸没有那么稀缺。半胱氨酸缺乏导致体内谷胱甘肽水平下降，可损伤 HIV 感染者的免疫系统，降低艾滋病患者的存活率。如果给艾滋病患者补充 N- 乙酰半胱氨酸（NAC），就能显著提升他们的免疫力，甚至能完全恢复其自然杀伤细胞的活性。科学家已发现半胱氨酸对控制艾滋病病毒的蔓延有效。已知半胱氨酸的结构简式为：

$$\begin{array}{c} \qquad\quad NH_2 \\ \qquad\quad | \\ HS-CH_2-C-COOH \\ \qquad\quad | \\ \qquad\quad H \end{array}$$

根据以上内容回答以下问题：

（1）半胱氨酸能与 Mg 作用放出____________。

（2）半胱氨酸可以与氨水反应形成盐，写出其结构简式：________________________。

（3）半胱氨酸可以与 HCl 反应形成盐，写出其结构简式：________________________。

（4）半胱氨酸在一定条件下形成的二肽的结构是：__________________________。

三、迁移应用

1. DNA 控制蛋白质的合成

脱氧核糖核酸（DNA）是反向双螺旋结构，主要存在于细胞核内，是生物遗传的主要物质基础，储存体内的遗传信息。DNA 控制蛋白质合成需要三种 RNA。其中，信使 RNA（mRNA）为短单链状，携带遗传信息，种类极多；转运 RNA（tRNA）为单链，折叠成三叶草形，有 61 种；核糖体 RNA（rRNA）是核糖体的组成成分，数量极少。遗传信息从基因（DNA）转移到 RNA，在 RNA 聚合酶的作用下形成一条与 DNA 碱基序列互补的 mRNA 的过程，称为转录。mRNA 合成以后，就通过核孔进入细胞质中。游离在细胞质中的各种氨基酸，就以 mRNA 为模板合成具有一定氨基酸顺序的蛋白质，这一过程称为翻译。

mRNA 中碱基与氨基酸具有对应关系，mRNA 上每三个连续的碱基可称为一个密码子，对应一种氨基酸。tRNA 上有三个含氮碱基协助密码子对应氨基酸。

例如，一条 mRNA 对应的连续 6 个碱基为 UUA GAU 两个密码子，则两个 tRNA 的碱基分别为 AAU 和 CUA 两个反密码子，即 A–U、G–C。由于含有 AAU 碱基的 tRNA 携带的氨基酸为亮氨酸，含有 CUA 碱基的 tRNA 携带的氨基酸为天冬氨酸，进而使亮氨酸和天冬氨酸发生脱水缩合形成二肽。

请查阅资料，进一步理解 DNA 通过转录和翻译指导蛋白质合成的内容。

2. 牛奶和豆浆是胶体吗？

一般认为牛奶属于乳浊液，而豆浆（尤其是稀豆浆）属于胶体。现从物质成分角度进行深入分析。

牛奶的成分为：水86%~89%、脂肪3%~5%、蛋白质2.7%~3.7%、乳糖4.5%~5%、无机盐0.6%~0.73%。牛奶中，脂肪以乳浊液形式存在；蛋白质以胶体形式存在；乳糖及无机盐主要以溶液形式存在。所以牛奶是乳浊液、胶体、溶液几种分散系的混合物。如果根据含量高低来考虑的话，牛奶应该属于溶液。当然不同产地或不同加工方法的牛奶，成分也不同。例如，脱脂牛奶的乳浊液成分就比较低；一些优质牛奶的蛋白质含量很高，其胶体成分就比较高。

豆浆的成分为：水89%~90%、脂肪2.3%~2.5%、蛋白质4.4%~4.5%、糖类1.8%~2.4%、无机盐0.3%~0.7%。豆浆中蛋白质属于胶体成分；脂肪属于乳浊液成分；低聚糖类等主要以溶液形式存在；同时豆浆加工过程中还有一些固态物质属于悬浊液成分。所以豆浆属于乳浊液、悬浊液、胶体、溶液四种分散系的混合物。如果根据含量高低来考虑，其蛋白质含量最高，应该属于胶体。

经过上述分析可知，其实牛奶或豆浆均属于多种分散系的复杂的混合体系，两者兼具浊液、胶体、溶液等多种成分。单纯地认为豆浆就是胶体、牛奶就是乳浊液是不科学的。

请尝试用平行光射入盛有牛奶、豆浆的水杯中，观察是否存在一束光亮的通路，来判断牛奶、豆浆是否具有胶体的性质。

〚拓展延伸〛

味　精

味精的主要成分是谷氨酸钠，是以粮食为原料，通过微生物发酵、提取、精制而成的产品。人体的味觉器官中存在着氨基酸的特异性受体，当味精被人们食用后，刺激位于舌部味蕾的氨基酸受体，就能使人们感到鲜味，从而增进食欲。

味精进入肠道被吸收而分解成的谷氨酸，是人体需要的氨基酸之一，参与机体组织的形成与修复，参与各种重要的生理过程。其中，在肝脏中参与糖代谢以及肝脏的解毒过程，降低血液中有毒的氨的浓度；在大脑中参与蛋白质及糖的代谢，可在一定程度上改善大脑及神经中枢的功能。因此，味精对人体健康是有一定益处的。

下篇　问题解析

一、有机化合物命名的规律

有机化合物的命名涉及一系列复杂的规则和体系，以下是对几种常见的有机化合物命名规律的总结。

1. 烷烃的命名方法

（1）普通命名法　对于较简单的烷烃，通常使用普通命名法。例如，甲烷（CH_4）、乙烷（C_2H_6）、丙烷（C_3H_8）等。这种方法主要依据的是碳原子数和氢原子数的比例关系。

（2）系统命名法　系统命名法是国际通用的命名有机化合物的方法，它依据的是一系列官能团和碳链的命名规则。烷烃系统命名法的原则是：① 选主链，选择分子中最长的碳链作为主链；② 编号，把支链作为取代基，从靠取代基近的一端开始，用 1、2、3……依次给主链上的碳原子编号，确定取代基的位置；③ 命名，根据主链上碳原子的总数，称为某烷，支链上的取代基的名称写在某烷的前面，取代基的位次与名称之间用短线隔开。当主链上连有相同的取代基时，则合并用二、三等数字表明取代基的个数，并写在取代基名称前，其位次必须逐个标明，位次之间用“,”隔开；当主链上连有多个不同的取代基时，把小的取代基写在前面，大的写在后面。

2. 不饱和链烃的命名方法

（1）普通命名法　普通命名法对于不饱和链烃也同样适用。例如，丁烯（C_4H_8）、乙炔（C_2H_2）等。炔烃还需要标明不饱和键的位置。

（2）系统命名法　不饱和链烃命名方法与烷烃相似，但由于双键或三键的存在，不饱和链烃的命名比烷烃的命名要稍复杂一些。其命名原则如下：① 选主链，选择含有双键或三键的最长碳链为“主链”，称为“某烯”或“某炔”，当主链碳原子数大于 10 时加“碳”字，称“碳烯”或“碳炔”；② 编号，从靠近双键（或三键）的一端，给主链碳原子依次编号，双键（或三键）的编号位次用 1、2、3…写在某烯（某炔）的前面，中间用短线隔开，若双键（或三键）处在正中间，则从靠近取代基一端开始编号；③ 命名，将取代基位置、数目和名称按简单到复杂的顺序依次写在烯（或炔）的前面。

3. 芳香烃的命名方法

（1）普通命名法　对于简单的芳香烃，通常使用普通命名法。简单苯的同系物命名是以苯为母体、烃基作为取代基来命名的。与链烃命名不同的是：取代基的名称可省略“基”字，如甲苯、乙苯。当在苯环上有两个取代基时，用阿拉伯数字或用邻、间、对表示它们的相对位置。

（2）系统命名法　芳香烃的系统命名法主要依据的是苯环和侧链的命名规则。基本命名原则如下：① 选择母体，选择含有苯环的碳链作为母体；② 编号，从苯环最近的一端开始，对母体上的碳原子进行编号，侧链作为取代基，并标明位置；③ 命名，将取代基按照规定位置放在母体名称之后，形成完整的芳香烃名称。

4. 烃衍生物的命名方法

烃衍生物是指由烃分子中的氢原子被其他基团取代后形成的化合物。这些化合物的命名方法主要依据的是官能团的命名规则，以下是一些常见的烃衍生物的系统命名法：

（1）卤代烃　卤代烃的名称由烃基和卤素原子组成，烃基名称在前，卤素原子名称在后。例如，甲基氯（CH_3Cl）、乙基碘（C_2H_5I）等。如果存在多个卤素原子，则需要标明其位置。

（2）醇　醇的名称由脂肪烃或芳香烃和羟基组成，脂肪烃或芳香烃名称在前，羟基名称在后。例如，乙醇（C_2H_5OH）、苯甲醇（$C_6H_5CH_2OH$）等。如果存在多个羟基，则需要标明其位置。

（3）醚 单醚命名时，根据烃基的名称，称作“某醚”；混醚命名时，把较小的烃基名称写在较大的烃基名称之前；芳香族混醚命名时，把芳香烃基名称写在脂肪烃基名称之前，按烃基名称称作“某某醚”。例如，乙醚（$C_2H_5OC_2H_5$）、甲乙醚（$CH_3OC_2H_5$）、苯甲醚（$C_6H_5OCH_3$）等。

二、有机化合物中的杂化轨道

有机化合物中的轨道杂化是指在原子形成有机分子时，原子中能量相近的轨道进行杂化的过程。这种杂化现象主要发生在碳原子和与碳原子相关的化学键上。常见的杂化方式有 sp^3、sp^2 和 sp。

1. sp^3 杂化　在有机化合物中，碳原子通常发生 sp^3 杂化，即一个 s 轨道与三个 p 轨道杂化成四个 sp^3 杂化轨道，这种杂化方式形成的键角为正四面体结构，每个碳原子的四个 sp^3 杂化轨道分别与其他原子形成三个 σ 键和一对孤对电子。例如，甲烷分子中的碳原子就是发生了 sp^3 杂化，形成了四个 sp^3 杂化轨道，从而与四个氢原子形成了四个 σ 键。

2. sp^2 杂化　在某些情况下，碳原子也可以发生 sp^2 杂化，即一个 s 轨道与两个 p 轨道杂化成三个 sp^2 杂化轨道和一个未杂化的 p 轨道。这种杂化方式形成的键角为平面三角形结构，每个碳原子的三个 sp^2 杂化轨道分别与其他原子形成两个 σ 键和一个 π 键。例如，乙烯分子中的碳原子就是发生了 sp^2 杂化，形成了三个 sp^2 杂化轨道和一个未杂化的 p 轨道，形成每个碳原子只能与两个氢原子分别相连，所有的原子均在同一平面上，形成一个平面对称的结构；π 键的侧面重叠使 π 键不能像 σ 键一样自由旋转，并且由于其重叠的程度较小，因而没有 σ 键稳定，较易断裂，这是烯烃的化学性质比烷烃活泼的重要原因。

3. sp 杂化　在某些特定情况下，碳原子也可以发生 sp 杂化，即一个 s 轨道与一个 p 轨道杂化成两个 sp 杂化轨道。这种杂化方式形成的键角为直线结构，每个碳原子的两个 sp 杂化轨道分别与其他原子形成两个 σ 键。例如，乙炔分子中的碳原子就发生了 sp 杂化，形成了两个 sp 杂化轨道。

总的来说，物质的分子结构决定了物质的化学性质。轨道杂化是理解有机化合物结构的关键之一，不同原子之间的电子云密度分布和键角大小决定了分子的微观组成和结构各不相同，因此宏观性质也不同。

三、有机化学的电子效应

电子效应是影响有机化合物反应活性和反应规律的重要因素之一，深入理解有机化学中的电子效应，可以由感性向理性角度认识有机化学。

电子效应包括诱导效应、共轭效应和超共轭效应，有时三种效应同时存在，表现出共同作用的结果。

1. 诱导效应　诱导效应是电子效应的一种，由路易斯首先提出。路易斯发现，如果有机化合物由一个电负性较强的原子 X 取代了碳原子上的氢原子，C–X 键上将形成一个极性分布，这个极性分布通过电性传导作用，在分子中其他键上也引起一系列的极性变化。其结果是在整个分子中产生一个向着 X 原子方向的较大范围的电子运动：

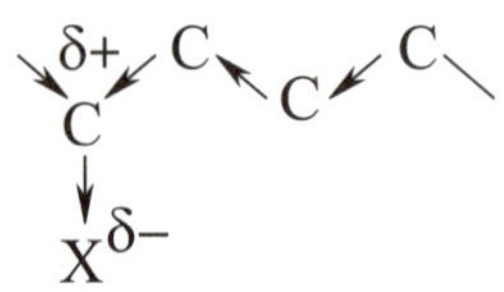

如果一个电负性比碳弱的元素原子取代碳原子上的氢原子，也可以在分子中引起一系列的极性变化，只是所导致的电子移动的方向刚好相反。

因此，诱导效应是指在有机化合物分子中引入一个基团或原子后，由于原子的电负性差异，导致 σ 键电子的移动，使分子中的电子云密度分布发生变化，而这种变化不但发生在直接相连的部分，也可以影响到不直接相连的部分。这种因某一原子或基团的极性而引起电子沿碳链向某一方向移动的效应，称为诱导效应。

2. 共轭效应　在某些有机化合物分子中，由于双键与双键之间、p 轨道与双键之间的相互影响，使电子云不仅仅局限在某个碳原子上或两个原子之间形成的共价键上，而是分散在多个原子构成的“离域”体系中（离域相对于定域——两个原子形成的共价键的限定区域），这种离域体系就是共轭体系。

共轭效应是指在共轭体系中因电子离域产生的一种电子效应，它能使分子中电子云密度的分布发生改变，内能降低，键长趋于平均化，整个分子更趋稳定。常用 *C* 来表示共轭效应，$+C$ 表示给电子共轭效应，$-C$ 表示吸电子共轭效应。

根据参加共轭的化学键或电子类型可以将共轭体系分为两大类（见表 1）：

表 1 共轭体系及共轭效应

共轭类型	举例	共轭情况	共轭结果（相对于碳 - 碳双键）
π-π 共轭	$CH_2=CH—CH=CH_2$	π 键与 π 键	C = 0 零效应
	$CH_2=CH—CH=O$	π 键与 π 键	C < 0 吸电子效应
p-π 共轭	$:Cl—CH=CH_2$	两个电子的 p 轨道与 π 键	C > 0 给电子效应
	$^{-}CH_2—CH=CH_2$	两个电子的 p 轨道与 π 键	C > 0 给电子效应（对双键）
	$\cdot CH_2—CH=CH_2$	一个电子的 p 轨道与 π 键	C > 0 给电子效应（对自由基）
	$^{+}CH_2—CH=CH_2$	空的 p 轨道与 π 键	C > 0 给电子效应（对碳正离子）

3. 超共轭效应 超共轭效应是在诱导效应和共轭效应的基础上提出来的概念。超共轭效应指发生于碳 - 氢 σ 键与 π 键、与 *p* 轨道之间相互作用形成的电子效应。

在实践中，人们发现，有一些事实不能用传统的电子理论中的诱导效应和共轭效应很好地解释。由 Baker 和 Nathan 进行了溴苄和吡啶成盐反应的动力学研究之后，得出的结论是：

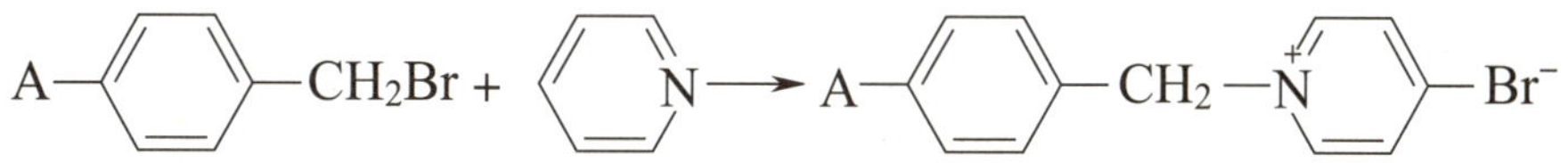

A 为 NO_2、H、R 等。

这个反应的历程应该是经过溴苄形成苄基碳正离子。当 A 为吸电子原子或基团如 NO_2 时，反应速度较慢；反之，当 A 为推电子原子或基团如 R 时，反应速度较快。如按诱导效应和共轭效应推断，在烷基中，叔丁基对苯环的推电子效应最大，使苯环电子云密度增加，故而反应速度也应最大。但是，实验表明其反应速度与理论预测几乎完全相反：

$$CH_3 > CH_3CH_2 > CH(CH_3)_2 > C(CH_3)_3 > H$$

$K \times 10^4$: 2.02　1.81　1.63　1.65　1.22

四、有机化合物的同分异构现象

同分异构现象是有机化合物和配位化合物特有的现象，是有机化学中十分重要、复杂又比较难掌握的部分。同分异构现象对有机化合物的物理性质、化学性质、大分子化合物的生物化学性质都有影响。如：同分异构体有时在物理性质（熔点、沸点、旋光性）和化学性质（化学反应热、反应机理、反应速率、产物类型、产物的稳定性、产物的构型）等方面表现出差异，在大分子化合物的生物化学性质方面有时也表现出差异。例如，研究发现，只有左旋氯霉素才具有杀菌作用，而右旋氯霉素并不具有杀菌作用。结合目前国内外大学有机化学教材、科学文献及有关专著，同分异构现象的类型划分、相互关系可表示如下（图 1）：

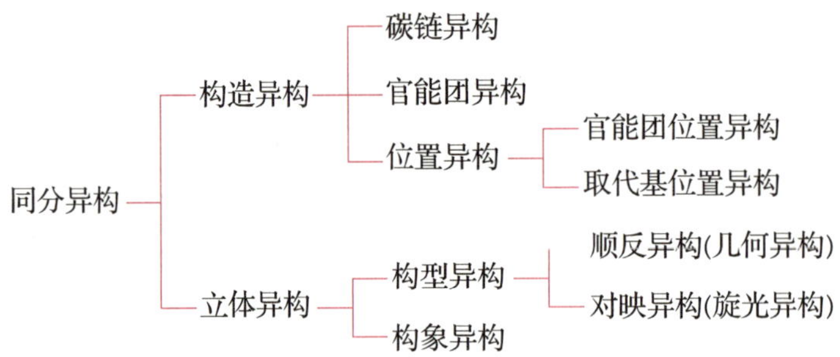

图 1

有相同分子式而结构式不同者称为同分异构体，同分异构体中有相同官能团的称为同系列同分异构体，其化学性质十分相似；同分异构体中没有相同的官能团的，则化学性质相差较大，但有相似的官能团的，其化学性质亦相似。例如，浮选药剂的浮选性能是其物理性质和化学性质的集中反映，故有相同官能团的同分异构体其浮选性能十分相似，有相似官能团的浮选性能亦相似。设计合成新的浮选药剂时，可在有相同官能团或相似官能团药剂的同分异构体中选择较易合成、原材料来源广的作为合成对象，这样往往能筛选出更为理想的浮选药剂，也被称为浮选药剂的同分异构原理。

共轭亚油酸（CLA），分子式为 $C_{17}H_{31}COOH$，是一组天然存在的含共轭双键的十八碳脂肪酸，是必需脂肪酸亚油酸的立体和位置异构体的混合物。这些异构体的共同特征为两个双键直接通过 1 个$-\overset{|}{\underset{|}{C}}-\overset{|}{\underset{|}{C}}-$单键连接，没有被亚甲基隔开，其共轭双键在碳链上有多种排列方式，包括 8，10、9，11、10，12 或 11，13。其中每个双键又有顺式和反式两种构型。所以每类共轭亚油酸具有四种几何构型，共有 16 种同分异构体。共轭亚油酸的空间结构不同，生理功能差异很大。共轭亚油酸所表现出来的生理功能是所有异构体各自生理功能的综合

表现。一般认为 c-9，t-11 共轭亚油酸异构体是人类和动物中最主要的异构体，是共轭亚油酸的主要生物活性成分。同时，其中 c-9，t-11 共轭亚油酸是唯一能被动物细胞吸收进入其磷脂层的异构体，也是与人类和动物营养最为相关、最具有生物活性的共轭亚油酸。共轭亚油酸具有抗肿瘤、抗氧化、降低动物和人体胆固醇、抗动脉粥样硬化、提高免疫力和提高骨髓密度等多种重要的生物学功能。

五、有机化合物的立体异构现象

立体异构是指原子组成及连接方式相同而其三维空间排列不同引起的异构。立体异构划分为顺反异构（又称几何异构）、对映异构（又称光学异构）和构象异构三类。

立体异构在药物开发中的应用较为广泛。其中，几何异构体与非对映异构体在新药研究中一般作为不同的化合物对待，而对映异构体往往当成一个化合物（消旋体）处理。美国食品药品监督管理局（FDA）于 1992 年发布有关开发立体异构体（主要是对映异构体）新药的指导原则，该原则要求各医药企业今后在新药研发上，必须明确量化每一对映异构体的药效作用和毒理作用，并且当两种异构体有明显不同作用时，必须以光学纯度为 100% 的药品形式上市。此项措施大大促进了手性药物拆分技术的发展，手性药物的研究与开发，已经成为当今世界新药发展的重要方向和热点领域。当前大多数药物是以外消旋体的形式出现，即药物里含有等量的左右两种对映体。

对映异构体指的是一个分子中只有一个手性中心，对映异构体都有旋光性，其中一个是左旋的，一个是右旋的，而手性是自然界的普遍特征。构成自然界物质的一些手性分子虽然从原子组成来看是一模一样的，但其空间结构完全不同，它们构成了实物和镜像的关系，也可比喻成左右手的关系，在生命的产生和演变过程中，自然界往往对一种手性有所偏爱，例如，糖的构型为 D-构型，氨基酸为 L-构型，蛋白质和 DNA 的螺旋构象又都是右旋的，等等，因此，分子手性在自然界生命活动中起着极为重要的作用。人类的生命本身就依赖于手性识别。如人们对 L-氨基酸和 D-糖类能够消化吸收，而其对映体对人类没有营养价值或有副作用。

目前获得单一手性化合物的方法有 3 种：① 手性源合成法：以手性物质为原料合成其他手性化合物。② 不对称催化合成法：是在催化剂或酶的作用下合成得到单一对映体化合物的方法。③ 外消旋体拆分法：是在拆分剂的作用下利用物理、化学或生物方法将外消旋体拆分成两个对映体。目前外消旋体拆分法可分为结晶拆分、化学拆分、生物拆分、色谱拆分、膜拆分和手性萃取拆分等方法。

手性药物是指其分子立体结构和它的镜像彼此不能够重合，将互为镜像关系而又不能重合的一对药物结构称为对映体，对映体各有不同的旋光方向——左旋、右旋、外消旋，分别用(－)、(＋)、(±)符号表示。药物分子的手性标记通常采用 *R**S* 序列标记法。对于氨基酸、肽类、糖类、环多元醇及其衍生物的立体命名，也用 D、L 或俗名表示。过去多数化学药品是由等量的左旋(*S* 型)和右旋(*R* 型)两种对映体组成的外消旋体，而只含有单一对映体即光学纯度较高的药物，与外消旋药物相比具有疗效好、副作用小等特点。

手性药物的药理作用是通过与体内大分子之间的严格手性匹配与分子识别而实现的，当立体异构体能被生物识别时，它们就成为不同的药物，也就是在人体内药物通过与具有特定物理形态的受体反应起作用。药物的两种立体异构体中，只有一种更适合与受体或活性部位结合。如果两种立体异构体都能适合受体，结合不会太紧密，因而药物将会不太活泼。通常，一种同分异构体有选择地结合，而另一种具有较小的活性或无活性。

手性药物不仅具有技术含量高、疗效好、副作用小的优点，而且与创制新药相比，开发手性药物风险小、周期短、耗资少、成果大，具有重大的科学价值。

六、有机化学的反应类型

结合官能团结构，把学过的化学反应按反应类型归类，有利于揭示结构和性质的关系，从而掌握有机反应规律。常见的有机化学反应类型如下。

1. 取代反应　有机化合物分子中的某些原子或原子团被其他原子或原子团所取代的反应称为取代反应。烷烃的卤化、苯及其同系物的硝化、苯酚的卤化、醇与卤化氢反应、醇与酸的反应、醇脱水成醚的反应、卤代烃的水解、酯的水解等都是取代反应。

2. 加成反应　有机物分子中的不饱和碳原子跟其他原子或原子团直接结合成一种新的有机物的反应称为加成反应。发生加成反应的物质主要有烯烃、炔烃、二烯烃、芳香族化合物、醛、酮、油脂等。其中烯烃、炔烃、二烯烃常见的加成物质是氢气、卤素单质、卤化氢和水。

3. 加聚反应　含有碳碳双键、碳氧双键或三键的不饱和有机物，以加成的方式相互结合，生成高分子化合物的反应称为加聚反应。发生加聚反应的有烯烃、二烯烃以及它们的衍生物如丙烯酸、甲基丙烯酸甲酯等。

4. 缩聚反应　有机化合物单体间通过失去水分子等小分子形成高分子化合物的反应称为缩聚反应。

5. 消除反应　有机化合物在适当条件下，从一个分子中消去一个简单分子(如水、卤化氢)而生成不饱和(含双键或三键)化合物的反应称为消除反应。如醇的分子内脱水，卤代烃在 NaOH 的醇溶液里的反应等。从结构上看，发生消除反应的有机化合物分子中与官能团(—OH，—X)相连碳原子的相邻碳原子必须有氢原子，否则不能发生消除反应。

6. 氧化反应　氧化反应就是有机物分子里“加氧”或“去氢”的反应。大部分有机化合物在空气中都可燃烧，这属于剧烈的完全的氧化反应，最终产物为 CO_2 和 H_2O。此外烯烃、炔烃、苯的同系物的侧链、醇、醛等可被某些氧化剂所氧化。

7. 还原反应　还原反应是有机化合物分子里“加氢”或“去氧”的反应，其中加氢反应又属于加成反应。不饱和烃、芳香族化合物、醛、酮等都可进行加氢还原反应。

8. 酯化反应　酸与醇起作用生成酯和水的反应称为酯化反应。发生反应的酸可以是羧酸也可以是含氧无机酸，醇包括一元醇、多元醇或葡萄糖、纤维等多羟基化合物。酯化反应实质上是取代反应。

9. 水解反应　有机化合物跟水在一定条件下发生的反应称为水解反应，其实质是在有机化合物的分子中引入羟基。主要有卤代烃、酯、油脂、双糖、多糖、蛋白质的水解，在不同酸碱条件下，水解的程度不同，产物也有所不同。从本质上看，水解反应属于取代反应。

10. 显色反应　某些有机化合物与特定试剂反应，显示出特殊颜色的反应称为显色反应。如苯酚加入 $FeCl_3$ 溶液显紫色；淀粉遇碘溶液呈蓝色；蛋白质（分子中含苯环）与浓 HNO_3 反应后显黄色。可以利用这些反应鉴别或检验某些有机化合物。

11. 中和反应　有机酸或有酸性的有机化合物与碱作用生成盐和水的反应，称为中和反应。特别需要指出的是，苯酚具有弱酸性，可以与 NaOH 溶液反应生成苯酚钠和水。

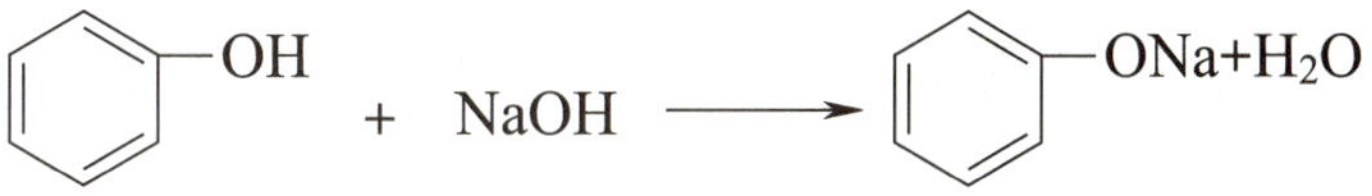

此外，还有脱羧反应、裂化反应、裂解反应等反应类型。

七、有机化学的加成反应

有机化学反应涉及反应物旧键的断裂和生成物新键的形成。键的断裂主要有两种方式：均裂和异裂。有机化学反应也常根据反应物和生成物的组成和结构的变化进行分类。加成反应主要发生在有不饱和键（如双键或三键）的有机化合物中，是不饱和化合物的特性反应。离子型加成反应是化学键异裂引起的，加成反应又分为亲电加成和亲核加成。

亲电加成反应是通过化学键异裂产生的带正电的原子或基团进攻不饱和键而引起的加成反应，例如烯烃和卤素的加成。首先是试剂带正电荷或部分正电荷的部位与烯烃的 π 电子接近，形成环正离子，同时产生溴负离子；然后溴负离子从环正离子背面进攻碳，生成反式加成产物。

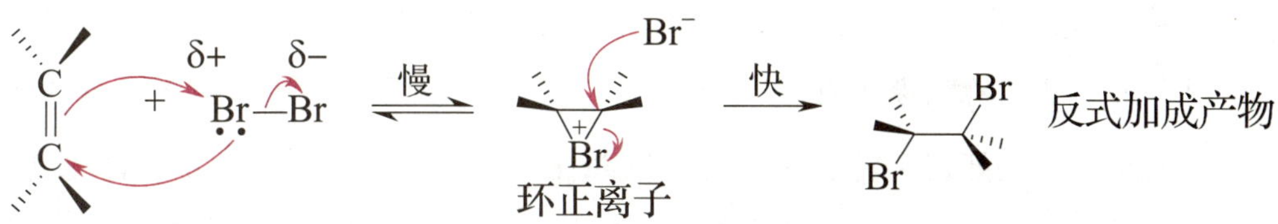

亲核加成反应是由亲核试剂首先进攻而引起的加成反应，例如羰基的加成反应。羰基中的碳氧双键是不饱和键，所以醛和酮都容易发生加成反应，但它与烯烃的碳碳双键的加成反应不同。由于羰基的碳氧双键是极性共价键，通常带部分正电荷的碳原子比带部分负电荷的氧原子有更高的活泼性。因此，当羰基化合物与极性试剂发生加成反应时，总是试剂中带负电荷的部分首先加到羰基中的碳原子（δ^+）上，然后试剂中带正电荷的部分再加到氧原子（δ^-）上。醛和部分酮与氢氰酸（HCN）发生加成反应时，氢氰酸分子中的氰基（—CN）加到羰基的碳原子上，氢则加到氧原子上，生成 α - 羟腈。

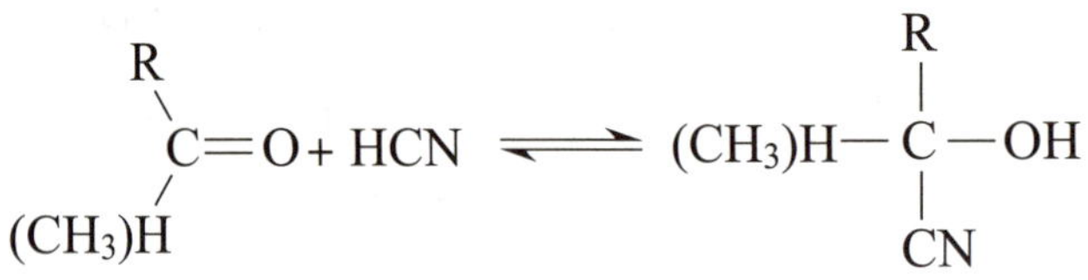

在加成反应中，反应物分子首先形成一个不稳定的中间体，这个中间体随后分解为两个或多个产物。这些产物可以是新的有机化合物，也可以是离子或自由基。

加成反应在有机化学中的应用非常广泛，除了在工业生产中合成高分子材料、药物、染料等，还在生物体内的许多化学过程中扮演着关键的角色。例如，在光合作用中，加成反应是实现碳固定和氮固定的关键步骤。通过这些反应，植物和蓝藻等生物能够将二氧化碳转化为有机物质，并将氮气还原为氨，为生物体提供能量和合成重要有机物质的原料。此外，加成反应还参与了生物体中其他一些重要的化学过程，例如 DNA 的复制和转录、蛋白质的合成和代谢等。因此，加成反应不仅在有机化学中占据着重要的地位，而且在生物学和环境科学等领域中也有着广泛的应用。

八、有机化学的消除反应

消除反应指分子内失去两个小基团，形成新结构的反应。消除反应有三种：α-消去，β-消去和 γ-消去。

1. 定义与分类　α-消去指分子内同一个原子上失去两个基团，形成卡宾或氮烯的反应；β-消去指分子内两个相邻的原子上各失去一个基团，形成新的双键或三键的反应，这也是最普遍的消除反应；γ-消去指分子内两个不相邻的原子上各失去一个基团，最终形成环状化合物的反应。

2. 反应速率　在离子型 1，2-消除反应中，带着成键电子对一起从反应物分子的 1 位或 α 碳原子上断裂下来的基团称为离去基团（L），另一个失去的基团往往是连在 2 位或 β 碳原子上的氢，称为 β 氢原子。例如，1- 溴丁烷与氢氧化钾在乙醇溶液中共热，溴带着键合电子对断裂下来成为溴负离子，β 氢原子以质子形式断裂下来与碱中和，同时在 1 位和 2 位之间形成烯键。

这类消除反应的速率与卤代烷的结构有关，在相同条件下以三级卤代烷的反应最快，二级卤代烷次之，一级卤代烷最慢。以碱为试剂的消除反应常伴有亲核取代反应，也可能发生重排反应，这三种反应之间的竞争与卤代烷结构、试剂性能和反应条件等因素有关。强碱和高温增加发生消除反应的机会。

3. 反应机理　在离子型消除反应中，按有关价键发生变化的先后顺序不同，可分三种反应机理：

单分子消除反应（E1）。反应物先电离，L 断裂下来，同时生成一个正碳离子，然后失去 β 氢原子并生成 π 键。反应分两步进行，决定速率的电离这一步只有反应物分子参加。故 E1 的速率与反应物的浓度成正比，与碱的浓度无关。

共轭碱单分子消除反应（E1CB）。反应物先与碱作用，失去 β 氢原子，生成反应物的共轭碱负碳离子，然后从这个负碳离子失去 L 并生成 π 键。在生成 π 键的步骤中只有共轭碱负碳离子参加。E1CB 也分两步进行，反应速率与反应物浓度成正比，也与碱的浓度有关。一般的，只有 β 碳原子上连有硝基、羰基或氰基等的反应物，才能按 E1CB 机理进行反应。

双分子消除反应（E2）。反应一步完成，L 的断裂、β 氢原子与碱中和、π 键的生成三者协同进行，反应物和碱同时参加反应。E2 的速率与反应物浓度和碱浓度都成正比。上述三种机理以 E2 最普遍。

4. 热消除反应　一般在气相进行，是不需要酸或碱催化的单分子反应。反应物通过环状过渡态直接把 β 氢转移到 L 上，同时生成 π 键。羧酸酯加热至约 400℃便发生热消除，黄原酸酯可在约 200℃发生热消除，三级胺氧化物加热至 150℃左右也可发生热消除。

醇的反应活性：3° 醇 > 2° 醇 > 1° 醇。

醇的分子内脱水，是由于羟基的吸电子诱导效应，是 β 氢原子易于消除而产生的，当有多种不同的 β 氢原子时，最容易消去的是含氢较少的 β 氢原子，因为能生成稳定烯烃。该规则称为扎伊采夫规则。消除反应有两种情况，其一是卤代烃在 NaOH 的醇溶液下发生消除反应，生成烯烃；另一个则是醇在硫酸的条件下生成烯烃。

九、有机化学的取代反应

教材中涉及的取代反应总结如下：

1. 甲烷的氯代反应

$$CH_4 + Cl_2 \xrightarrow{\text{光照}} CH_3Cl + HCl \quad \text{（一氯甲烷）}$$

生成的一氯甲烷还会继续被氯代，生成二氯甲烷、三氯甲烷和四氯化碳四种产物的混合物。工业上把这种混合物作为溶剂使用。

2. 脂环烃的取代反应

3. 苯的取代反应　苯环 π 电子的高度离域形成一个富电子体系，为亲电子试剂提供电子，易发生亲电取代反应。苯的取代反应中最重要的有卤代反应、硝化反应及磺化反应。

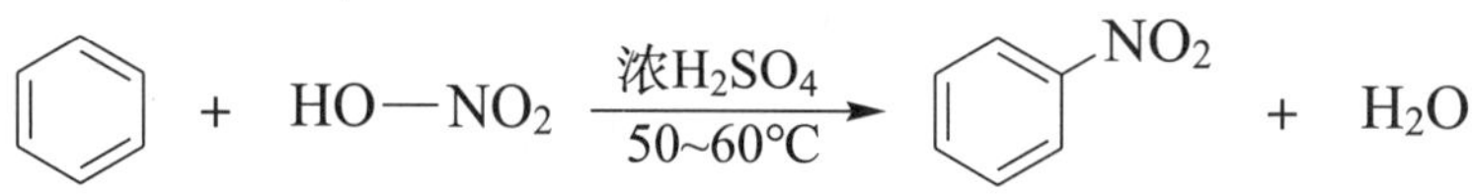

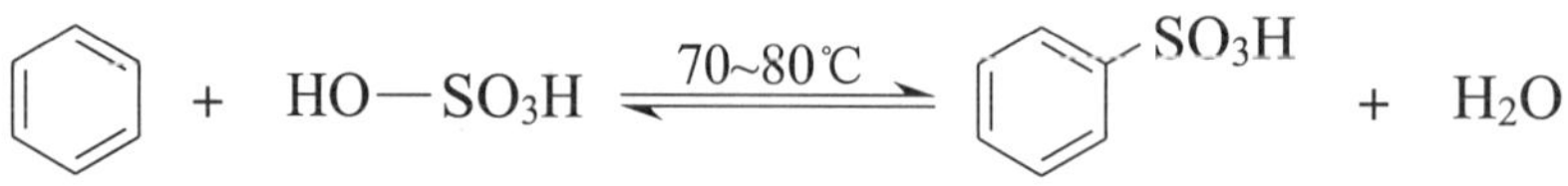

4. 苯酚芳环上的取代反应　苯酚水溶液与溴水作用，立即生成 2，4，6-三溴苯酚白色沉淀。此反应可用于部分酚类化合物的检验。

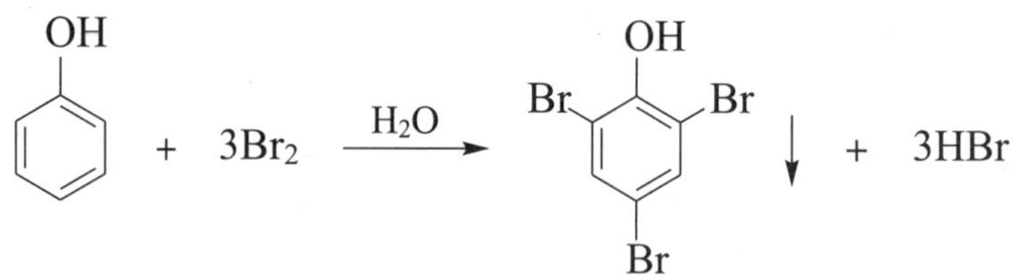

5. 醛、酮的卤代反应　醛、酮的 α-H 在碱性条件下易被卤素（Cl_2、Br_2、I_2）取代，最终反应产物为 α-H 全部被卤代的羰基化合物。若所用的卤素是碘，则会得到碘仿，因此称为碘仿反应。

$$CH_3-\overset{\overset{\large O}{\|}}{C}-H(R) + 3X_2 + 4NaOH \longrightarrow CHX_3 + NaO-\overset{\overset{\large O}{\|}}{C}-H(R) + 3NaX + 3H_2O$$

6. 芳香胺的亲电取代反应　氨基的供电子共轭效应使苯环上的电子云密度升高，所以芳胺易进行芳环上的亲电取代反应。

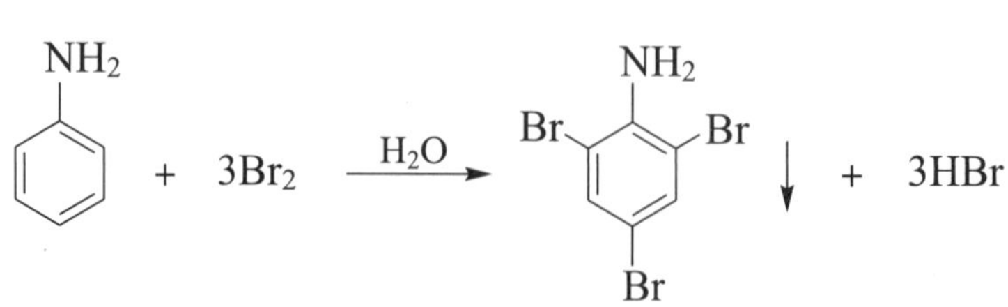

十、有机化学中的氧化还原反应

氧化还原反应是有机化学中非常重要的一类反应,涉及电子的转移和物种氧化态的变化。

1. 氧化还原反应　氧化还原反应是指通过电子转移或原子、离子转移而实现反应物氧化数变化的化学反应。根据电子转移的方向,氧化还原反应可分为氧化反应和还原反应。在氧化反应中,电子从反应物转移到氧化剂;在还原反应中,电子从氧化剂转移到反应物。

2. 有机化合物的氧化还原反应　有机化合物中的碳、氢、氧等元素均可发生氧化还原反应。常见的有机化合物氧化还原反应包括燃烧、催化、光化学反应等。燃烧是一种典型的氧化还原反应,是燃料和氧气在高温条件下进行的剧烈化学反应。在燃烧过程中,燃料中的碳、氢、氧等元素发生氧化还原反应,释放能量。催化反应和光化学反应是有机化学中重要的氧化还原反应类型。催化反应中,催化剂可降低反应活化能,提高反应速率,实现有机化合物的氧化还原反应。光化学反应则是在光的作用下,有机化合物吸收光能后发生氧化还原反应。

3. 氧化剂和还原剂　在氧化还原反应中,氧化剂和还原剂是实现电子转移的关键。常见的氧化剂包括氧气、硝酸、高锰酸钾等,还原剂包括氢气、金属有机化合物、醇类等。氧化剂和还原剂的反应机理和影响因素各不相同。例如,氧气在许多氧化反应中作为氧化剂,其反应机理涉及分子中的氧原子与有机化合物中的碳、氢、氧等元素发生电子转移。而硝酸作为强氧化剂,可与许多有机化合物发生硝化反应,其反应机理与硝酸的酸性和氧化性有关。

4. 电子转移过程　电子转移过程是有机化学中氧化还原反应的核心。在电子转移过程中,电子从一个原子或离子转移到另一个原子或离子,从而实现氧化数的变化。电子转移过程需要能量,这个能量可以来自化学键的断裂或外部能量的供给。电子转移过程受到许多因素的影响,包括温度、压力、浓度、溶剂性质等。此外,许多有机化合物的结构特征也会影响电子转移过程,如共轭效应、诱导效应等。

5. 有机化合物的氧化反应　有机化合物的氧化反应是指有机化合物在氧化剂作用下失去氢原子或其他原子团的过程。常见的有机化合物氧化反应包括醛的氧化等。醛的氧化反应是常见的有机化合物氧化反应之一。例如,在银氨溶液中,醛基被氧化成羧基,生成相应的羧酸。该反应机理主要涉及银离子和氨水的配合物对醛基的亲核加成,随后发生电子转移和质子转移,最终生成羧酸和氨。

6. 有机化合物的还原反应　有机化合物的还原反应是指有机化合物在还原剂作用下得到氢原子或其他原子团的过程。常见的有机化合物还原反应包括还原糖、氨基酸等。还原糖是指通过加氢将糖类化合物转化为单糖或低聚糖的过程。常用的还原剂包括氢气、金属催化剂等。还原糖的反应机理主要涉及氢离子对糖类化合物的亲核加成,随后发生电子转移和质子转移,最终生成单糖或低聚糖。氨基酸的还原反应是通过加氢将氨基酸转化为相应的胺类化合物。常用的还原剂包括氢气、金属催化剂等。氨基酸的还原反应机理主要涉及氢离子对氨基的亲核加成,随后发生电子转移和质子转移,最终生成相应的胺类化合物。

十一、含氧有机化合物间的转化

有机化学中最重要的知识就是有机化合物之间的相互转化,其中最主要的是醇能够被氧化生成醛,醛能够被氧化生成羧酸,醛又能被还原成醇;此外醇和酸还能够发生酯化反应生成酯,酯又可以发生水解反应生成酸和醇。不仅烃的含氧衍生物之间可以相互转化,烃、卤代烃与烃的含氧衍生物之间,以及烃与烃、烃与卤代烃之间都可以发生转化。部分主要的有机化合物之间的转化关系如图 2 所示。

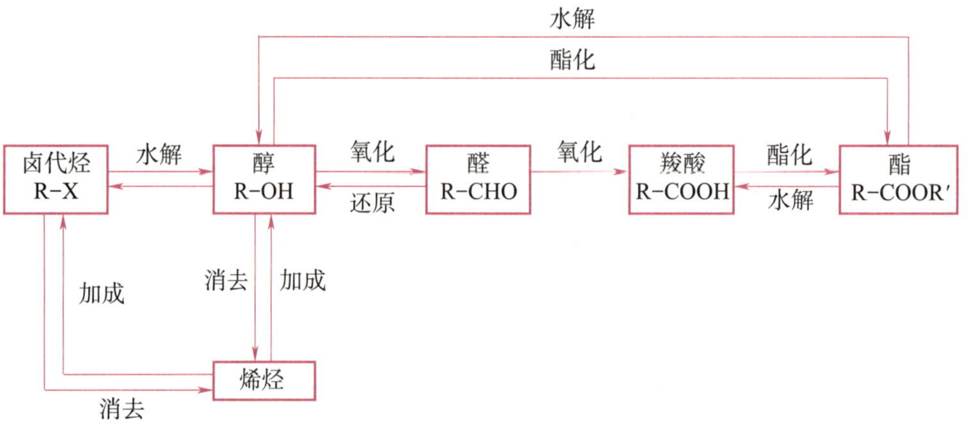

图 2

为了便于学习和理解,图 3 展示了从分子中碳原子个数及官能团的变化来看转化关系:

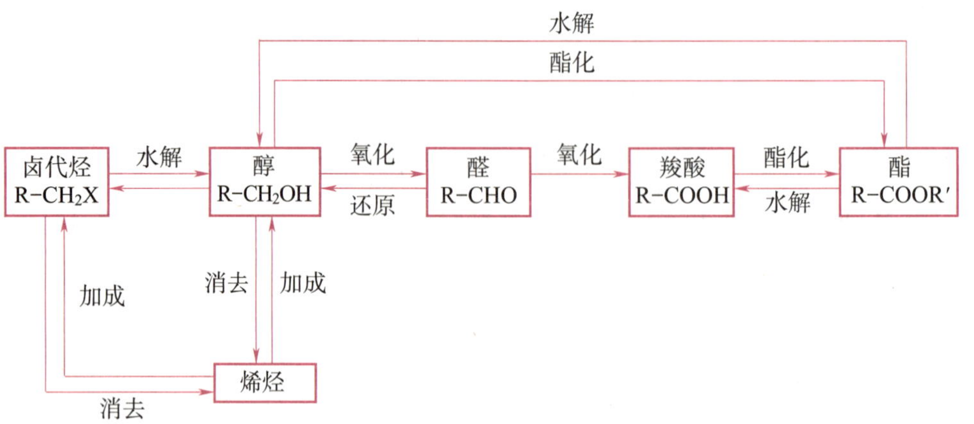

图 3

含氧有机化合物间转化的化学反应方程式：

1. 醇转化为醛（氧化反应）　实例：乙醇氧化成乙醛

$$2CH_3CH_2OH + O_2 \xrightarrow[\triangle]{\text{催化剂}} 2CH_3CHO + 2H_2O$$

2. 醛转化为酸（氧化反应）　实例：乙醛氧化成乙酸

$$2CH_3-\overset{\overset{\displaystyle O}{\|}}{C}-H + O_2 \xrightarrow[\triangle]{\text{催化剂}} 2CH_3COOH$$

3. 醛转化为醇（还原反应）　实例：乙醛还原成乙醇

$$CH_3-\overset{\overset{\displaystyle O}{\|}}{C}-H + H_2 \xrightarrow[\triangle]{\text{催化剂}} CH_3CH_2OH$$

4. 醇和酸反应生成酯　实例：乙酸和乙醇反应生成乙酸乙酯

$$CH_3COOH + CH_3CH_2OH \underset{\triangle}{\overset{\text{浓硫酸}}{\rightleftharpoons}} CH_3COOCH_2CH_3 + H_2O$$

5. 酯的水解反应　实例：乙酸乙酯水解为乙酸和乙醇

酸性水解：

$$CH_3COOC_2H_5 + H_2O \underset{\triangle}{\overset{\text{无机酸}}{\rightleftharpoons}} CH_3COOH + C_2H_5OH$$

碱性水解：

$$CH_3COOC_2H_5 + NaOH \xrightarrow{\triangle} CH_3COONa + C_2H_5OH$$

十二、含氮有机化合物

有机含氮化合物广泛存在于自然界，是指分子中含有碳－氮键的有机物，主要包括胺、酰胺、含氮杂环、生物碱、氨基酸、蛋白质和核酸。各类有机含氮化合物的化学性质各不相同。一般都具有碱性，可还原成胺类化合物；多具有生物活性，如生物碱；有些是生命活动不可缺少的物质，如氨基酸等。

1. 有机胺

有机胺一般是指有机类物质与氨发生化学反应生成的有机胺化合物，可分为脂肪胺类、醇胺类、酰胺类、脂环胺类、芳香胺类、萘系胺类以及其他胺类七大类。根据有机胺的氮上取代基数量的不同还可分为伯胺、仲胺和叔胺。此外，有机胺还是一类重要的化学中间体，被广泛应用于农药医药、化妆品、生物活性天然产物以及功能材料等精细化学产品的合成。目前，工业上有机胺类化合物的制备方法主要有醇、卤代烷对氨 / 胺的烷基化，醛的还原胺化，以及腈的还原等。

2. 生物碱

生物碱是一类含氮的有生理作用的天然化合物，大多数有较复杂的氮杂环结构，少数为非氮杂环的有机胺类。生物碱广泛分布于自然界，尤其以植物界为多。常见的生物碱类型有吡咯类、吡啶类、喹啉类、异喹啉类、吲哚类、咪唑类、嘌呤类、莨菪烷类、萜类、甾体类、有机胺类等。生物碱多为结晶型固体，极少数在室温时为液体。一般无色，具苦味，有旋光性，且多为左旋；呈碱性，其碱性强弱与分子结构特别是氮原子的结合状态有显著关系。季铵类生物碱呈强碱性，叔胺类和仲胺类生物碱为中强碱性或弱碱性。有些生物碱分子中有酚基或羧基，因而具有酸碱两性。植物中的生物碱大多与有机酸结合成盐，或与糖类缩合成甙，少数碱性很弱的生物碱以游离状态存在。生物碱盐经碱化，生物碱甙经水解可得游离的碱。多数生物碱不溶或难溶于水，溶于苯、氯仿、乙醚、丙酮、乙醇等有机溶剂，溶于稀酸生成盐。生物碱盐多易溶于水和醇，不溶或难溶于有机溶剂。生物碱能与一些试剂，如碘化铋钾、碘化汞钾，碘－碘化钾等反应生成不同颜色的沉淀，常用于鉴别生物碱。

3. 氨基酸

氨基酸是构建生物机体的众多生物活性分子之一，是构建细胞、修复组织的基础材料。氨基酸被人体用于制造抗体蛋白、血红蛋白、酶和激素等以维持和调节新陈代谢，是一切生命之源。氨基酸可分为非极性（疏水性）氨基酸和极性（亲水性）氨基酸。

非极性氨基酸大致可以分为两个更具体的类别：脂肪族氨基酸和芳香族氨基酸。脂肪族氨基酸（甘氨酸、丙氨酸、缬氨酸、亮氨酸、异亮氨酸和脯氨酸）通常含有分支的烃链，结构最简单的是甘氨酸。脯氨酸也被归类为脂肪族氨基酸，但由于碳氢链与末端胺发生环化，形成了独特的五元环结构，具有特殊性质。由于脯氨酸环结构的结构刚性，它可以显著改变蛋白质的三维结构，并且通常出现在蛋白质的折叠或转折区域。芳香族氨基酸（苯丙氨酸、酪氨酸和色氨酸）含有芳香性官能团，根据其名称，它们在结构中大部分为非极性和疏水性，因为含有高碳 / 氢含量。然而，值得注意的是，疏水性和亲水性代表着一个滑动的尺度，不同的氨基酸根据其结构可以具有不同的物理和化学性质。例如，与苯丙氨酸相比，酪氨酸中存在的羟基增加了其反应性和溶解度。蛋氨酸是一种含硫氨基酸，通常归类为非极性的疏水氨基酸，因为末端甲基团形成了硫醚官能团，通常不能在分子内形成永久偶极子，保持低溶解度。

极性氨基酸可以分为三个主要类别：极性不带电、酸性和碱性官能团。在极性不带电类中，侧链含有能够在 R 基团内形成永久偶极子的杂原子（氧、硫或氮）。这些包括含有羟基和磺酸氧基的氨基酸、丝氨酸、苏氨酸和半胱氨酸，以及含有酰胺的氨基酸、谷氨酰胺和天冬氨酰胺。谷氨酸（谷氨酸）和天冬氨酸（天冬酸）是两种酸性氨基酸，它们带有能够在溶液中完全电离的羧酸官能团的侧链。碱性氨基酸，赖氨酸、精氨酸和组氨酸含有可质子化以携带完整电荷的胺官能团。

十三、有机化合物常用的鉴别方法

1. 有机化合物的鉴别

有机化合物的鉴别是根据有机化合物的不同性质来确定其含有什么官能团，是哪种化合物。

2. 鉴别有机化合物的条件

进行有机化合物的鉴别时应注意，并不是化合物的所有化学性质都可以用于鉴别，必须具备以下条件之一：

（1）化学反应中有颜色变化。

（2）化学反应过程中伴随着明显的温度变化（放热或吸热）。

（3）反应中有气体产生。

（4）反应中有沉淀生成或沉淀溶解。

（5）不互溶的两种物质（产物）出现分层现象等。

3. 各类有机化合物的鉴别方法

（1）烯烃、二烯、炔烃：① 溴的四氯化碳溶液，红色褪去；② 高锰酸钾溶液，紫色褪去。

（2）含有炔氢的炔烃：① 硝酸银，生成炔化银白色沉淀；② 氯化亚铜的氨溶液，生成炔化亚铜红色沉淀。

（3）小环烃：三元脂环烃、四元脂环烃可使溴的四氯化碳溶液褪色。

（4）卤代烃：硝酸银的醇溶液，生成卤化银沉淀；不同结构的卤代烃生成沉淀的速度不同，叔卤代烃和烯丙式卤代烃最快，仲卤代烃次之，伯卤代烃需加热才出现沉淀。

（5）醇：① 与金属钠反应放出氢气（鉴别 6 个碳原子以下的醇）；② 用卢卡斯试剂（浓盐酸与无水氯化锌配制成的混合溶液）鉴别伯、仲、叔醇，叔醇立刻变浑浊，仲醇放置后变浑浊，伯醇放置后仍无变化。

（6）酚或烯醇类化合物：① 与三氯化铁溶液反应产生颜色变化（苯酚遇三氯化铁后溶液变紫色；邻苯二酚遇三氯化铁后溶液变绿色）；② 苯酚与溴水生成三溴苯酚白色沉淀。

（7）羰基化合物：① 鉴别所有的醛酮用 2，4–二硝基苯肼，产生黄色或橙红色沉淀；② 区别醛与酮用托伦试剂，醛能生成银镜，而酮不能；③ 区别芳香醛与脂肪醛或酮与脂肪醛，要用费林试剂，脂肪醛生成砖红色沉淀，而酮和芳香醛不能；④ 席夫试剂与醛作用立即由无色变为紫红色，而酮无此反应，甲醛与席夫试剂作用生成的紫红色加入硫酸，紫红色不消失，其他醛生成的紫红色物质加入硫酸后褪色，可通过此方法鉴别甲醛和其他醛；⑤ 鉴别具有甲基酮结构的醇，用碘的氧化钠溶液，生成黄色的碘仿沉淀。

（8）甲酸：用托伦试剂，甲酸能生成银镜，而其他酸不能。

（9）区别伯、仲、叔胺有两种方法：① 用苯磺酰氯或对甲苯磺酰氯，在 NaOH 溶液中反应，伯胺生成的产物溶于 NaOH，仲胺生成的产物不溶于 NaOH 溶液，叔胺不发生反应；② 用 $NaNO_2$+HCl 反应，脂肪胺中是伯胺放出氮气、仲胺生成黄色油状物、叔胺不反应，芳香胺中的伯胺生成重氮盐、仲胺生成黄色油状物、叔胺生成绿色固体。

（10）糖：① 单糖都能与托伦试剂和费林试剂反应，产生银镜或砖红色沉淀；② 葡萄糖与果糖可用溴水区分，葡萄糖能使溴水褪色，而果糖不能；③ 麦芽糖与蔗糖可用托伦试剂或费林试剂来区分，麦芽糖可生成银镜或砖红色沉淀，而蔗糖不能。

（11）苯和四氯化碳：加溴水（氯水、碘水）萃取鉴别，有颜色的苯层在上层，水层在下层；有颜色的四氯化碳层在下层，水层在上层。

4. 有机化合物的特殊反应

（1）能发生银镜反应的物质有：醛类、葡萄糖、麦芽糖、甲酸、甲酸盐、甲酸酯等。

（2）能发生显色反应的物质有：苯酚遇 Fe^{3+} 溶液显紫色、淀粉遇 I_2 显蓝色、蛋白质遇浓硝酸显黄色、多元醇遇 $Cu(OH)_2$ 显绛蓝色。

（3）能与活泼金属发生置换反应生成 H_2 的物质有：醇、酚、羧酸。

（4）能发生缩聚反应的物质有：苯酚与醛（或酮）、二元羧酸与二元醇、二元羧酸与二元胺、羟基酸、氨基酸等。

（5）需要水浴加热的实验有：制取硝基苯、制取苯磺酸、制取酚醛树脂、银镜反应、酯的水解、双糖水解等。

（6）光照条件下能发生的反应有：烷烃与卤素的取代反应、苯与 Cl_2 的加成反应（紫外光）。

（7）常用的有机鉴别试剂有：新制 $Cu(OH)_2$ 溶液、溴水、$KMnO_4(H^+)$ 溶液、银氨溶液、NaOH 溶液等。

十四、有机化合物的鉴别反应

1. 常见有机化合物的鉴别反应

（1）乙烯、乙炔：① 向待检物质中加入少量酸性 $KMnO_4$ 溶液，紫红色褪去（氧化反应）；② 向待检物质中加入少量溴的四氯化碳溶液（溴水），红棕色（橙黄色）褪去。

（2）苯：① 加入溴水会分层，苯层在上层，呈红棕色；② 向待检物质中加入纯溴和铁屑，发生剧烈的取代反应，产生白雾；③ 加入浓 H_2SO_4、浓 HNO_3 的混合酸并振荡、加热、静置，有黄色的苦杏仁气味的油状物产生，沉于水底（取代反应：硝化反应）。

（3）甲苯：向待检物质中加少量酸性 $KMnO_4$ 溶液，紫红色褪去（氧化反应）。

（4）乙醇：① 将螺旋状铜丝加热至表面有黑色 CuO 产生，迅速浸入试液，反复多次，可见铜丝被还原为光亮的红色，并有刺激性气味气体产生（氧化反应）；② 将乙醇、乙酸与浓硫酸的混合物小心加热，把生成的气体通入饱和 Na_2CO_3 溶液中，有透明、油状、水果香味的乙酸乙酯液体浮在液面上（酯化反应）。

（5）苯酚：① 向待检物质中加入饱和溴水，溴水褪色，生成白色沉淀（取代反应）；② 向待检物质中加入少量 $FeCl_3$ 溶液，溶液变为紫色（显色反应）。

（6）乙醛：① 可发生银镜反应，向盛有 $AgNO_3$ 溶液的试管中，加入少量氨水至有沉淀产生，再加氨水至沉淀恰好溶解，加入乙醛溶液并水浴加热，有光亮的银镜产生（氧化反应）；② 可与新制 $Cu(OH)_2$ 反应，向盛有 NaOH 溶液的试管中，滴入数滴 $CuSO_4$ 溶液，振荡，然后加入乙醛溶液少许，加热至沸腾，有砖红色沉淀产生（氧化反应）。

（7）乙酸：① 向待检物质中加入 Na_2CO_3 溶液，有气体产生（酸性）；② 将乙醇、乙酸与浓硫酸的混合物小心加热，把生成的气体通入饱和 Na_2CO_3 溶液中，有透明、油状、水果香味的乙酸乙酯液体浮在液面上（酯化反应）。

（8）卤代烃（R–X）：向待检物质中加入 NaOH 溶液加热，用 HNO_3 酸化后再滴入 $AgNO_3$ 溶液，产生沉淀（白色、浅黄色、黄色）（水解反应）。

（9）乙酸乙酯：① 有果香味，向待检物质中加入水，待检物质在水的上层；② 向待检物质中加入酚酞和 NaOH 溶液，加热后，溶液红色褪去（酯的水解反应）。

（10）葡萄糖：① 可发生银镜反应，向盛有 $AgNO_3$ 溶液的试管中，加入少量氨水至有沉淀产生，再加氨水至沉淀恰好溶解，加入葡萄糖溶液并水浴加热，有光亮的银镜产生（氧化反应）；② 可与新制 $Cu(OH)_2$ 反应，向盛有 NaOH 溶液的试管中，滴入数滴 $CuSO_4$ 溶液，振荡，然后加入葡萄糖溶液少许，加热至沸腾，有砖红色沉淀产生（氧化反应）。

（11）淀粉：向待检物质中加入少量碘水，溶液变蓝（特征反应）。

（12）蛋白质：① 向待检物质中加入少量浓 HNO_3，微热，变为黄色（颜色反应）；② 将待检物质在碱性溶液中与微量硫酸铜反应呈现紫红色（颜色反应）；③ 蛋白质（氨基酸）与茚三酮反应生成蓝紫色化合物（颜色反应）；④ 含有半胱氨酸残基的蛋白质与醋酸铅共热生成黑色硫化铅沉淀（颜色反应）；⑤ 灼烧，有烧焦羽毛的气味（特征反应）。

2. 有机化合物鉴别反应案例

（1）用化学方法鉴别丁烷、1–丁炔、2–丁炔。上面三种化合物中，丁烷为饱和烃，1–丁炔和 2–丁炔为不饱和烃，用溴的四氯化碳溶液或高锰酸钾溶液可区别饱和烃和不饱和烃，1–丁炔具有炔氢而 2–丁炔没有，可用硝酸银或氯化亚铜的氨溶液鉴别。

（2）用化学方法鉴别氯苄、1-氯丙烷和 2-氯丙烷。上面三种化合物都是卤代烃，是同一类化合物，都能与硝酸银的醇溶液反应生成卤化银沉淀，但由于三种化合物的结构不同，分别为苄基、二级、一级卤代烃，它们在反应中的活性不同，因此，可根据其反应速率进行鉴别。

（3）用化学方法鉴别甲胺、二甲胺、三甲胺。上面三种化合物都是脂肪胺，分别为伯、仲、叔胺。伯胺和仲胺在氢氧化钠溶液存在的条件下，能与苯磺酰氯发生反应，生成苯磺酰胺。伯胺反应后生成的苯磺酰胺，因其氮原子上还有一个氢原子，显示弱酸性，能溶于氢氧化钠溶液而生成盐；仲胺生成的苯磺酰胺中，其氮原子上没有氢原子，不溶于氢氧化钠溶液而呈固体析出；叔胺不发生反应。因此，可用此反应鉴别三种化合物。

（4）用化学方法鉴别葡萄糖、果糖、蔗糖。上面三种化合物都是糖，葡萄糖、果糖是单糖，具有还原性，能被托伦试剂和费林试剂氧化，而蔗糖是非还原性双糖，因此，可用托伦试剂和费林试剂区别蔗糖与葡萄糖、果糖；葡萄糖是醛糖，可被溴水氧化，而果糖是酮糖，不被溴水氧化，因此，可用溴水区别二者。

（5）用化学方法鉴别苯甲醛、丙醛、2-戊酮、3-戊酮、正丙醇、异丙醇、苯酚。上面这组化合物中有醛、酮、醇、酚四类，醛和酮都是羰基化合物，因此，首先用鉴别羰基化合物的试剂将醛、酮与醇、酚区别，然后用托伦试剂区别醛与酮，用费林试剂区别芳香醛与脂肪醛，用碘仿反应鉴别甲基酮，用三氯化铁的颜色反应区别酚与醇，用碘仿反应鉴别可氧化成甲基酮的醇。

① 将化合物各取少量分别放在 7 支试管中，各加入几滴 2，4-二硝基苯肼试剂，有黄色沉淀生成的为羰基化合物，即苯甲醛、丙醛、2-戊酮、3-戊酮，无沉淀生成的是醇与酚。

② 将 4 种羰基化合物各取少量分别放在 4 支试管中，各加入托伦试剂，在水浴上加热，有银镜生成的为醛，即苯甲醛和丙醛，无银镜生成的是 2-戊酮和 3-戊酮。

③ 将 2 种醛各取少量分别放在 2 支试管中，各加入费林试剂，有红色沉淀生成的为丙醛，无沉淀生成的是苯甲醛。

④ 将 2 种酮各取少量分别放在 2 支试管中，各加入碘的氢氧化钠溶液，有黄色沉淀生成的为 2-戊酮，无黄色沉淀生成的是 3-戊酮。

⑤ 将 3 种醇和酚各取少量分别放在 3 支试管中，各加入几滴三氯化铁溶液，出现蓝紫色的为苯酚，无蓝紫色的是醇。

⑥ 将 2 种醇各取少量分别放在 3 支试管中，各加入几滴碘的氢氧化钠溶液，有黄色沉淀生成的为异丙醇，无黄色沉淀生成的是丙醇。

十五、有机化合物的酸碱性

近代的酸碱理论是 19 世纪后期开始的,先后提出了酸碱电离理论、酸碱溶剂理论、酸碱质子理论、酸碱电子理论和软硬酸碱理论。

有机化合物的酸碱性主要源于分子中心原子或原子团的极性。为了深入了解有机化合物的酸碱性,我们需要关注分子的原子结构和化学键的性质。

酸性有机化合物通常具有较强的中心原子或原子团,它们容易从其他分子中得到或失去电子。例如,含有氢离子(酸根)的化合物,如乙酸、苯磺酸等,可以释放电子,从而显示出酸性。相反,碱性有机化合物则拥有富电子的中心原子或原子团,这些原子能够为其他分子提供电子,降低分子内部的极性。例如,甲醇、异丁酮和胺等化合物表现为碱性,因为它们的原子能够为氢离子提供电子。

含氮杂环化合物的碱性除了与结构中的含氮官能团有关,还与含氮杂环有关。含氮杂环的碱性强弱可用 pK_b 定量描述,常见含氮杂环碱性强弱的顺序为:

吡咯 < 嘌呤 < 吡唑 < 喹啉 < 吡啶 < 咪唑

pK_b 13.6 11.7 11.5 9.1 8.8 7.0

将含一个氮原子杂环的碱性与氨、胺比较,碱性强弱的顺序为:

三甲胺 > 氨 > 吡啶 > 苯胺 > 吡咯

pK_b 4.2 4.7 8.8 9.4 13.6

观察吡啶、咪唑、吡咯分子中氮原子的结构,发现氮原子有三种成环方式:以双键参与成环 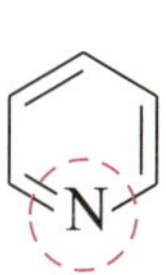、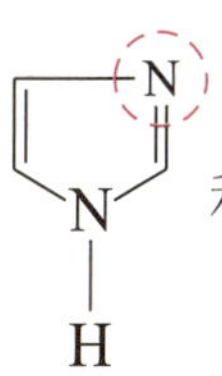 和以单键参与成环 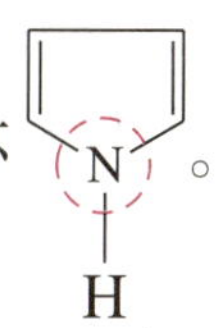。

研究表明,在前者结构中,氮原子具有弱碱性,因为在这类结构中,氮原子的孤对电子是独立的;在后者结构中,氮原子几乎呈中性,因为在这类结构中,氮原子的孤对电子已成为芳香环结构的一部分。如果基本杂环中的双键被氢原子饱和,杂环失去芳香性,此时杂环中的氮原子均具有碱性。

有机化合物的酸碱性在很大程度上取决于其分子结构、反应条件以及反应产物。因此,在不同的情况下,一个有机化合物可能会显示出不同的酸碱性。为了准确判断有机化合物的酸碱性,还需要结合其他性质和反应条件来综合分析。

水平检测试卷

水平检测一 · 基础过关

A 卷

一、填空题(每空 1 分,共 20 空,20 分)

1. 有机化合物中化学键的主要类型是________。

2. 分子中含有碳碳双键的称为________,分子中含有碳碳三键的称为________,它们统称为________。

3. 立体异构可以分为________和________。

4. 醇和酚具有相同的官能团是__________,羟基与饱和碳原子直接相连为________,醇中的羟基称为______________,羟基直接与苯环直接相连为______________,酚中的羟基称为__________。

5. 根据分子中氮原子直接相连的烃基种类不同,胺可分为______胺和______胺。

6. 油脂是__________和______的总称,它是由多种高级脂肪酸和__________生成的甘油三酯。

7. 生物碱难溶于________,易溶于________;临床使用的生物碱类药物通常为易溶于水的生物碱__________类化合物。

8. 葡萄糖、蔗糖、淀粉、纤维素等都属于__________。

二、选择题(每小题 2 分,共 15 题,30 分)

1. 下列说法正确的是(　　)。

A. 有机物都是从有机体中分离出来的物质

B. 有机物都是共价化合物

C. 有机物不一定都难溶于水

D. 有机物不具备无机物的性质

2. 同分异构体具有:① 相同的分子量　② 相同的分子式　③ 相同的最简式　④ 相同的物理性质　⑤ 相同的化学性质(　　)。

A. ①②③　　B. ①②④　　C. ①②⑤　　D. ②③⑤

3. 下列关于苯的说法中,正确的是(　　)。

A. 苯的分子式为 C_6H_6,它不能使酸性 $KMnO_4$ 溶液褪色,属于饱和烃

B. 从苯的凯库勒式看,苯分子中含有碳碳双键,应属于烯烃

C. 在催化剂作用下,苯与液溴反应生成溴苯,发生了加成反应

D. 苯分子为平面正六边形结构,6 个碳原子之间的价键完全相同

4. 不能使酸性高锰酸钾溶液褪色的是(　　)。

A. 乙烯　　B. 聚乙烯　　C. 甲苯　　D. 乙炔

5. 高温时会水解生成剧毒的光气,并由于这个原因被禁止销售以其为主要成分的灭火器的物质是(　　)。

A. 一氯甲烷　　B. 二氯甲烷　　C. 三氯甲烷　　D. 四氯化碳

6. 乙酰苯胺是磺胺类药物的原料,其结构如图所示,下列关于乙酰苯胺的说法正确的是(　　)。

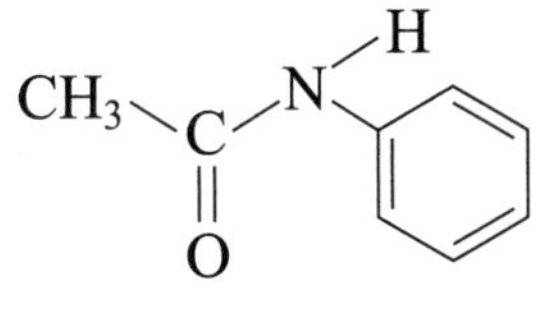

A. 乙酰苯胺是一种芳香烃

B. 分子式为 C_8H_9NO

C. 1 mol 乙酰苯胺最多能和含 2 mol NaOH 的水溶液完全反应

D. 分子中所有原子一定在同一平面上

7. 多巴胺是一种神经传导类物质,会传递兴奋。其部分合成路线如下,下列说法正确的是(　　)。

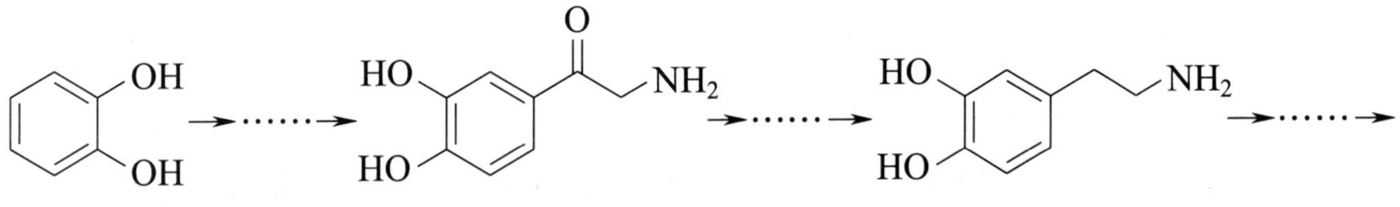

X　　Y　　多巴胺

A. X 的苯环上的溴代产物有 2 种

B. 1 mol Y 与 H_2 发生加成反应，最多消耗 3 mol H_2

C. 多巴胺既能与碱反应又能与酸反应

D. 多巴胺分子中所有碳原子不可能处在同一平面

8. 下列乙醇的化学性质不是由羟基所决定的是（　　）。

A. 与金属钠反应

B. 在足量氧气中完全燃烧生成 CO_2 和 H_2O

C. 在浓硫酸存在时发生消去反应，生成乙烯

D. 当银或铜存在时与 O_2 发生反应，生成乙醛和水

9. 下列能证明苯酚具有弱酸性的实验是（　　）。

A. 加入浓溴水生成白色沉淀

B. 苯酚钠溶液中通入 CO_2 后，溶液由澄清变浑浊

C. 浑浊的苯酚加热后变澄清

D. 苯酚的水溶液中加入 NaOH 溶液，生成苯酚钠

10. 人体必需氨基酸中最重要的氨基酸是（　　）。

A. 赖氨酸　　B. 蛋氨酸　　C. 色氨酸　　D. 苯丙氨酸

11. 下列关于蛋白质的说法不正确的是（　　）。

A. 蛋白质是由多种氨基酸加聚而成的高分子

B. 通常用酒精消毒，其原理是酒精使细菌中的蛋白质变性而失去生理活性

C. 浓的 Na_2SO_4 溶液能使溶液中的蛋白质析出，加水后析出的蛋白质又溶解

D. 鉴别织物成分是蚕丝还是“人造丝”可采用灼烧闻气味的方法

12. 蔗糖的同分异构体是（　　）。

A. 葡萄糖　　B. 果糖　　C. 麦芽糖　　D. 纤维素

13. 糖类的生理功能是（　　）。

A. 提供能量　　B. 蛋白聚糖的组成成分

C. 构成细胞膜　　D. 提供热量

14. 动植物油脂在空气中长时间放置而产生一种难闻的“哈喇”味，这是由于油脂发生了下列哪种变化（　　）。

A. 油脂被水解　　B. 油脂被氧化

C. 油脂被还原　　D. 油脂发生了加成反应

15. 下列物质不属于五元杂环的是（　　）。

A. 呋喃　　B. 喹啉　　C. 噻吩　　D. 吡咯

三、判断题(每小题 1 分,共 10 题,10 分)

1. 所有的有机化合物的反应速率都很慢。(　　)

2. 烯烃和炔烃都含有容易断裂的 π 键,化学性质比烷烃活泼,易于发生加成反应、氧化反应和聚合反应。(　　)

3. 不饱和烃能使溴的四氯化碳溶液和酸性高锰酸钾溶液褪色,可用于烯烃和炔烃的鉴别。(　　)

4. 乙酰氯(CH_3COCl)遇水可能会产生白雾。(　　)

5. 乙二醇和乙醇互为同分异构体。(　　)

6. 氨基酸和蛋白质都可以和茚三酮反应,生成蓝紫色的化合物。(　　)

7. RNA 和 DNA 中都含有 4 种碱基,且所含的碱基种类相同。(　　)

8. 糖原是人体葡萄糖的储存形式。(　　)

9. 为避免浪费,酸败的油脂在去除异味后可以食用。(　　)

10. 苯、呋喃、吡咯都具有芳香性。(　　)

四、名词解释(每小题 5 分,共 4 题,20 分)

1. 同分异构现象

2. 卤代反应

3. 烷烃

4. 单糖及其分类

五、简答题(每小题 10 分,共 2 题,20 分)

1. 用系统命名法命名下列各化合物。

2. 蛋白质是生命的基础,没有蛋白质就没有生命。

(1)蛋白质中主要含有__________(用元素符号表示)4 种元素。

(2)蛋白质是人体必需的营养物质。下列食物中,蛋白质含量最丰富的是(　　)。

A. 香蕉、苹果　　　　B. 米饭、馒头

C. 鱼、虾　　　　D. 西红柿、黄瓜

(3) 下列物质中，既能与 NaOH 反应，又能与硝酸反应，还能水解的是(　　)。

① Al_2O_3　　② $Al(OH)_3$　　③ 氨基酸　　④ 二肽

⑤ 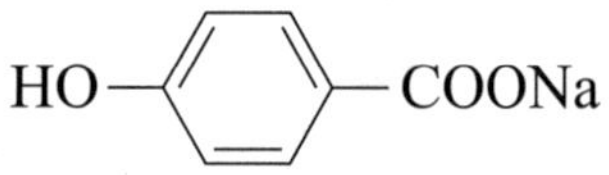

　　⑥ $(NH_4)_2CO_3$　　⑦ $NaHCO_3$

⑧ 纤维素　　⑨ 蛋白质　　⑩ NH_4I

A. 仅有①②③④

B. 仅有④⑤⑥⑦⑨⑩

C. 仅有③④⑤⑥⑧⑨

D. 全部

(4) 下列有关蛋白质的叙述正确的是________。

① 温度越高，酶催化的化学反应速率越快

② 蛋白质水解的最终产物是葡萄糖

③ 重金属盐能使蛋白质变性，所以误食重金属盐会中毒

④ 氨基酸和蛋白质均是既能与强酸反应，又能与强碱反应的两性物质

B 卷

一、填空题（每小题 1 分，共 20 题，20 分）

1. 在物质的分子中，能决定一类化合物的主要化学特性的________称为官能团。

2. 衣服上沾有动、植物油污，用水洗不掉，但可用汽油洗去，这是因为大多数有机物难溶于________，易溶于________。

3. 丙烯（$CH_3CH=CH_2$）、1-丁烯（$CH_3CH_2CH=CH_2$）和 1-戊烯（$CH_3CH_2CH_2CH=CH_2$）互称为________，烯烃的通式是________。

4. 卤代烃的化学性质比相应的烃活泼，原因是 C—X 键是极性键，比 C—C 键容易断裂，故易发生________和________。

5. 乙烯分子是________结构，两个碳原子和四个氢原子在________，乙烯分子具有这种结构的原因是碳碳双键中的碳原子采取了________杂化成键。

6. 烃分子中的碳原子都以碳碳________相连，碳原子剩余的价键均与氢原子结合，每个碳原子的化合价都已充分利用，达到“________”的状态，这种烃称为饱和烃。

7. 分子________，只是由于双键或碳环旋转受阻而产生的原子或基团的空间排列方式不同所引起的异构称为________。

8. 顺反异构体具有不同的物理性质：反式异构体的熔点一般________于顺式异构体，顺式异构体的溶解度、燃烧热一般均________于反式异构体。

9. 一个手性碳原子所连的 4 个不同原子或基团，在空间上具有两种不同的排列顺序即两种构型，彼此________、________的一对立体异构体称为对映异构体，简称对映体。

10. 胺可以看作氨分子中的________部分或全部被________基取代的衍生物。

11. 酰胺与酸或碱溶液共热时，都可以发生________反应。

12. 胺具有碱性，可与酸生成类似的铵盐。乙胺与盐酸反应的化学方程式为：________________。

13. 有机酸酯从形成上看，是由________和________脱水生成的；从结构上看，是由________和________相连而成的。

14. 营养必需脂肪酸包括________、________、________等。

15. 磷脂由于含氮有机碱不同可分为________和________，它们所对应的含氮有机碱分别是________和________。

16. 杂环化合物是由________和其他元素的原子共同组成的________有机化合物。环中的非碳原子称为________。

17. 烟碱又名________，是存在于________中的一种吡啶类生物碱。

18. 糖类是由__________、________、________三种元素组成的，糖类又称________。

19. 根据糖能否水解及水解生成单糖的数目，将糖分为__________糖、__________糖和__________糖。

20. 直链淀粉遇碘变__________，支链淀粉遇碘变__________，糖原遇碘变________。

二、选择题（每小题 2 分，共 15 题，30 分）

1. 下列物质属于稠杂环化合物的是（　　）。

A. 吡喃　　B. 嘌呤　　C. 呋喃　　D. 吡啶

2. 下列物质不属于五元杂环的是（　　）。

A. 呋喃　　B. 喹啉　　C. 噻吩　　D. 吡咯

3. 下列物质属于油脂的是（　　）。

① 棉籽油　② 甘油　③ 牛油　④ 煤焦油　⑤ 汽油　⑥ 橄榄油　⑦ 润滑油

A. ②③④⑦　　B. ①③⑥　　C. ⑤⑥⑦　　D. ②⑤

4. 下列关于油脂的叙述中，不正确的是（　　）。

A. 油脂属于酯类　　B. 油脂没有固定的熔点、沸点

C. 油脂是高级脂肪酸的甘油酯　　D. 油脂都不能使溴水褪色

5. 胆固醇属于（　　）物质。

A. 醇类　　B. 脂类　　C. 甾族化合物　　D. 磷脂

6. 烯烃的通式是（　　）。

A. C_nH_{2n+2}　　B. C_nH_{2n+1}　　C. C_nH_{2n}　　D. C_nH_{3n}

7. 乙烯分子中，两个 C 原子和 4 个 H 原子处于（　　）。

A. 正六面体结构上　　B. 垂直关系

C. 同一平面内　　D. 正四面体上

8. 下列关于碳水化合物的叙述错误的是（　　）。

A. 葡萄糖是生物界含量最丰富的碳水化合物

B. 甘油醛是最简单的碳水化合物

C. 糖类又称碳水化合物

D. 碳水化合物分子中的氢原子和氧原子的数量比与水一样都是 2∶1

9. 糖类的生理功能是（　　）。

A. 提供能量　　B. 蛋白聚糖的组成成分

C. 构成细胞膜　　D. 提供热量

10. 下列有机物可以形成顺反异构体的是（ ）。

A. 丙烯　　B. 1-氯-1-丙烯

C. 2-甲基-2-丁烯　　D. 2,3-二甲基-2-丁烯

11. 下列说法：① CHBr＝CHBr 分子存在顺反异构现象；② CH_2Cl_2 有 2 种结构；③ CH≡CCH_3 中最多有 5 个原子共线；④ 苯乙烯分子中最多有 16 个原子共平面。其中正确的是（ ）。

A. ①④　　B. ②③　　C. ②④　　D. ③④

12. 只用水就能鉴别的一组物质是（ ）。

A. 苯、乙醇、四氯化碳　　B. 乙醇、乙酸、乙烷

C. 乙二醇、甘油、溴乙烷　　D. 苯、己烷、甲苯

13. 下列关于实验室制取乙烯的说法不正确的是（ ）。

A. 将温度计插入到反应物液面以下

B. 加热时要注意使温度缓慢上升至 170℃

C. 反应过程中溶液的颜色会逐渐变黑

D. 生成的乙烯中混有刺激性气味的气体

14. 分子式为 $C_8H_{10}O$ 的某芳香化合物有多种结构，其中能氧化成醛的有（ ）。

A. 2 种　　B. 4 种　　C. 5 种　　D. 6 种

15. 下列说法中，正确的是（ ）。

A. 苯酚是粉红色晶体

B. 苯酚能与 $NaHCO_3$ 溶液反应放出 CO_2 气体

C. 苯酚和环己醇可用 $FeCl_3$ 溶液来鉴别

D. 向苯酚钠溶液中通入足量 CO_2，再经过滤可得到苯酚

三、判断题（每小题 1 分，共 10 题，10 分）

1. 托伦试剂鉴别甲醛和甲酸。（ ）
2. 使用费林试剂鉴别乙醛和苯甲醛。（ ）
3. 使用席夫试剂鉴别甲醛和乙醛。（ ）
4. 水解为 3 个单糖分子的糖为双糖。（ ）
5. 只有 1 个杂原子的杂环，命名时从离杂原子最近的碳原子开始编号。（ ）
6. 4 个不同杂原子的杂环，命名时按 O、S、N、NH 先后顺序编号。（ ）
7. 苯的稳定性小于呋喃。（ ）
8. 油脂在碱性条件下的水解产物为甘油和高级脂肪酸。（ ）

9. 饱和脂肪酸较多的油脂，具有较低的熔点。（　　）

10. 甾族化合物都具有环戊烷多氢菲碳骨架。（　　）

四、简答题（每小题 4 分，共 5 题，20 分）

1. 简要介绍蔗糖的性质和用途。
2. 什么是不饱和链烃？
3. 用化学方法鉴别苯和噻吩。
4. 为什么吡咯不显碱性而噻唑显碱性？

五、计算题（每小题 5 分，共 4 题，20 分）

1. 向乙酸与乙醇的混合液中加入少量浓硫酸反应一段时间，得到乙酸乙酯 8.8 g，向反应后的溶液中加入足量的 $BaCl_2$ 溶液，并过滤，将所得白色沉淀物烘干，称重为 2.33 g，然后向滤液中逐滴加入 1 mol/L 的 Na_2CO_3 溶液，当加入 16 mL 时溶液呈中性，计算乙酸的转化率。

2. A 是饱和一元醇，B 是饱和二元醇，两种醇的分子中含碳原子数相同，且都小于 4。在 5.4 g 由 A 和 B 组成的混合液中加入足量金属钠，在标准状况下放出 1.68 L 氢气。试写出 A、B 的结构简式并计算出混合液中 A 的质量。

3. A 是某天然蛋白质在一定条件下发生水解得到的产物之一。经测定：A 的分子量不超过 200，其中氧元素所占质量分数约为 26.5%；等物质的量的 A 分别与 NaOH、Na 充分反应，消耗两者的物质的量之比为 1∶2；经仪器分析 A 分子中含有苯环，不含—CH_2—和—CH_3 基团。通过计算求出 A 的摩尔质量和结构简式。

4. 三种饱和一元醇，其分子量之比为 8∶22∶29，将它们按物质的量之比 1∶2∶1 混合，取混合液 16.2 g 与足量的金属钠反应生成标准状态下氢气 2.24 L，求：

（1）三种醇的分子量；

（2）三种醇的分子式。

C卷

一、填空题（每小题1分，共20题，20分）

1. 键的断裂主要有两种方法：__________和__________。

2. 碳碳双键中含______个 π 键。

3. 碳环中含有双键的称为________。

4. 有机化合物是以__________组成的化合物。

5. 碳原子经 sp^2 杂化后的空间构型是__________。

6. 碳原子经 sp^3 杂化后杂化轨道的数目是________。

7. 乙炔碳原子经 sp 杂化后，空间构型是__________。

8. 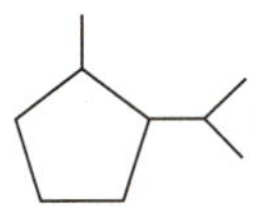 的名称是________。

9. 苯的同系物的通式__________。

10. 醛、酮的羰基碳为 sp^2 杂化，羰基碳氧双键由键________和________键组成。

11. 乙醇在浓硫酸作用下，加热至 170 ℃发生________脱水，生成的物质是________，加热至 140 ℃发生________脱水，生成的物质是________。浓硫酸在反应中是________和__________。

12. 核酸可分为__________（简称 DNA）和__________（简称 RNA）。

二、选择题（每小题2分，共15题，30分）

1. 下面列举的是某种化合物的组成或性质，能说明该物质肯定是有机物的是（　　）。

A. 仅由碳、氢两种元素组成　　B. 含有碳、氢两种元素

C. 在氧气中能燃烧，且生成一氧化碳　　D. 熔点低且不溶于水

2. 下列物质中，属于有机物的一组是（　　）。

A. CaO、H_2SO_4、$NaOH$、Na_2SiO_3　　B. CO_2、H_2CO_3、$NaHCO_3$

C. CH_4、C_2H_2、$CO(NH_2)_2$、CH_3COOH　　D. HNO_3、$CaCO_3$、C_2H_4

3. 下列物质中不属于有机物的是（　　）。

A. 四氯化碳　　B. 酒精　　C. 碳化硅　　D. 尿素

4. 一般说芳香烃具有芳香性，芳香性是指（　　）。

A. 易加成和氧化，难取代

B. 难加成，易氧化和取代

C. 难氧化，易取代和加成

D. 易取代，难加成和氧化

5. 下列反应不属于取代反应的是（　　）。

A. 酯化反应　　B. 乙烯与溴水的反应

C. 苯的硝化反应　　D. 苯与液溴的反应

6. 下列说法中，正确的是（　　）。

A. 芳香烃的分子通式是 C_nH_{2n-6}（$n \geqslant 6$）

B. 苯的同系物是分子中仅含有一个苯环的所有烃类物质

C. 苯和甲苯都不能使酸性 $KMnO_4$ 溶液褪色

D. 苯和甲苯都能与卤素单质、硝酸等发生取代反应

7. 下列说法：① CHBr═CHBr 分子存在顺反异构现象；② CH_2Cl_2 有 2 种结构；③ CH≡CCH_3 中最多有 5 个原子共线；④ 苯乙烯分子中最多有 16 个原子共平面。其中正确的是（　　）。

A. ①④　　B. ②③　　C. ②④　　D. ③④

8. 只用水就能鉴别的一组物质是（　　）。

A. 苯、乙醇、四氯化碳　　B. 乙醇、乙酸、乙烷

C. 乙二醇、甘油、溴乙烷　　D. 苯、己烷、甲苯

9. 以下 α-氨基酸不含有手性碳原子的是（　　）。

A. 丙氨酸　　B. 甘氨酸　　C. 丝氨酸　　D. 谷氨酸

10. 以下氨基酸不是人体必需氨基酸的是（　　）。

A. 缬氨酸　　B. 苏氨酸　　C. 酪氨酸　　D. 异亮氨酸

11. 人体必需氨基酸中最重要的氨基酸是（　　）。

A. 赖氨酸　　B. 蛋氨酸　　C. 色氨酸　　D. 苯丙氨酸

12. 下列说法中，不属于有机物的特点的是（　　）。

A. 绝大多数有机物受热易分解，容易燃烧

B. 绝大多数有机物熔点、沸点低

C. 大多数有机物难溶于水和汽油、酒精等有机溶剂

D. 大多数有机物是非电解质，不易导电

13. 下列关于有机化合物的说法正确的是（　　）。

A. 乙醇的结构简式为 CHO

B. $CHCl_2$ 有 5 种同分异构体

C. 由苯乙烯生成聚苯乙烯塑料属于加聚反应

D. 乙酸溶于水可以解离，属于离子化合物

14. 下列过程中所发生的化学变化属于取代反应的是（　　）。

① 乙酸与乙醇反应生成乙酸乙酯

② 乙烯通入溴水中

③ 在镍作催化剂的条件下，苯与氢气反应

④ 苯与液溴混合后加入 $FeBr_3$

A. ①②　　B. ①③　　C. ②④　　D. ①④

15. 下列关于实验室制取乙烯的说法不正确的是（　　）。

A. 将温度计插入反应物液面以下

B. 加热时要注意使温度缓慢上升至 170 ℃

C. 反应过程中溶液的颜色会逐渐变黑

D. 生成的乙烯中混有刺激性气味的气体

三、判断题（每小题 1 分，共 10 题，10 分）

1. 含碳的化合物全部都是有机化合物。（　　）

2. 有机化合物通常是指含碳化合物。（　　）

3. 环己烯与氯气在高温反应得到的主产物是 3-氯环己烯，该产物进一步与溴的四氯化碳溶液反应得到 1-氯-2-溴环己烷。（　　）

4. 甲苯酚和苯甲醇互为同分异构体。（　　）

5. 丙酮是一种无色、无味、无毒的固体。（　　）

6. 根据羟基所连的碳原子的类型不同，醇分为伯醇、仲醇、叔醇、季醇。（　　）

7. 乙醇、乙酸、苯酚均可以与氢氧化钠溶液反应。（　　）

8. 蛋白质的结构都是线型的，核酸的结构都是双螺旋的。（　　）

9. 核酸可以通过核苷酸序列的不同排列而具有多样性。（　　）

10. 必需氨基酸在人体内能够合成，也可以依靠食物来供给。（　　）

四、简答题（每小题 4 分，共 5 题，20 分）

1. 苯为什么难以发生加成反应？

2. 简述苯环中的大 π 键。

3. 简述有机化合物的特性。

4. 乙烯是一种重要的化工原料，以乙烯为原料衍生出部分化工产品的反应如图所示

（部分反应条件已略去）：

$$CH_2{=}CH_2 \xrightarrow[\text{催化剂}]{H_2O} \boxed{A：(C_2H_6O)} \xrightarrow{\text{氧化}} \boxed{B：(C_2H_4O)} \xrightarrow{\text{氧化}} \boxed{C：(C_2H_4O_2)} \xrightarrow[\text{浓硫酸、}\triangle]{A} \boxed{D：(C_4H_8O_2)}$$

请回答下列问题：

（1）A 的化学名称是________。

（2）C 和 A 反应生成 D 的化学方程式为__________；该反应的类型为__________。

（3）A 的官能团为________。（填名称和结构简式）

（4）C 的官能团为__________。（填名称和结构简式）

5. 什么是必需氨基酸？必需氨基酸有几种？分别是什么？

五、计算题（每小题 5 分，共 4 题，20 分）

1. 某种酯的蒸气密度是空气的 3.04 倍，2.2 g 这种酯燃烧后得到 1.8 g 水及 2.24 L 二氧化碳（标准状态），求它的分子式和分子量。

2. 某液态醇的蒸气密度是相同状态下的氢气的 23 倍，4.6 g 这种醇完全燃烧时生成 8.8 g CO_2 和 5.4 g H_2O。试通过计算写出这种醇的结构式。

3. 有机物 A 和 B 都含 C 40%，H 6.7%，O 53.3%（均为质量分数）。在标准状态下，A 的蒸气密度为 1.34 g/L。B 的分子量是 60。A 易溶于水，水溶液能发生银镜反应。B 的溶液显酸性。试写出 A、B 的结构式。

4. 三种饱和一元醇，其分子量之比为 8∶22∶29，将它们按物质的量之比 1∶2∶1 混合，取混合液 16.2 g 与足量的金属钠反应生成标准状态下氢气 2.24 L，求：

（1）三种醇的分子量；

（2）三种醇的分子式。

水平检测二·再上台阶

A 卷

一、填空题（每空 1 分，共 20 空，20 分）

1. 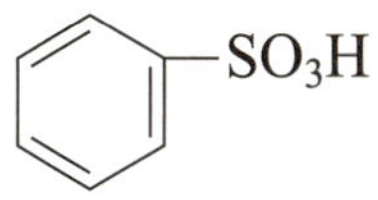 的名称是________。

2. 碳原子经 sp^2 杂化后的空间构型是________。

3. 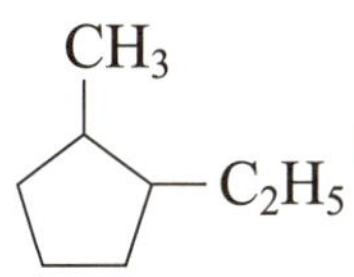 的名称是________。

4. 苯的同系物的通式是________。

5. 乙烯分子是________结构，两个碳原子和四个氢原子在________，乙烯分子具有这种结构的原因是碳碳双键中的碳原子采取了________杂化成键。

6. 一个手性碳原子所连的 4 个不同原子或基团，在空间上具有两种不同的排列顺序即两种构型，彼此________、________的一对立体异构体称为对映异构体，简称对映体。

7. 直链淀粉遇碘变________，支链淀粉遇碘变________，糖原遇碘变________。

8. 胺具有碱性，可与酸生成类似的铵盐。乙胺与盐酸反应的化学方程式为：________。

9. 醇与有机酸发生酯化反应的实质是有机酸脱去羧基上的________与醇的羟基上的________一起脱掉生成水。

10. 胆汁酸盐是良好的________剂，对________的消化、吸收起着重要作用。

11. 生物碱难溶于________，易溶于________；临床使用的生物碱类药物通常为易溶于水的生物碱________类化合物。

二、选择题（每小题 2 分，共 15 题，30 分）

1. 同分异构体具有：① 相同的分子量　② 相同的分子式　③ 相同的最简式　④ 相同的物理性质　⑤ 相同的化学性质（　　）。

A. ①②③　　B. ①②④　　C. ①②⑤　　D. ②③⑤

2. 下列化合物中的碳为 sp^3 杂化的是（　　）。

A. 乙烷　　B. 乙烯　　C. 乙炔　　D. 苯

3. 在苯的硝化反应中，浓硫酸的作用是（　　）。

A. 反应原料　　B. 溶剂　　C. 催化剂　　D. 指示剂

4. 下列能与环氧乙烷反应的物质是（　　）。（多选题）

A. 水　　B. 酚　　C. 胺　　D. 羧酸

5. 天然气是清洁燃料，为了减少大气污染，我国花费巨资，从西部铺设一条天然气运输管线，那么天然气的主要成分属于（　　）化合物。

A. 羧酸类　　B. 烯烃类　　C. 烷烃类　　D. 醇类

6. 下列说法正确的是（　　）。

A. C_1—C_4 的烷烃是气体

B. C_5—C_{16} 的烷烃为液体

C. C_{17} 以上的烷烃为固体

D. 在室温下，C_1—C_4 的烷烃是气体

7. 杀鼠灵是一种抗凝血性杀毒剂，其结构简式如图，下列说法正确的是（　　）。

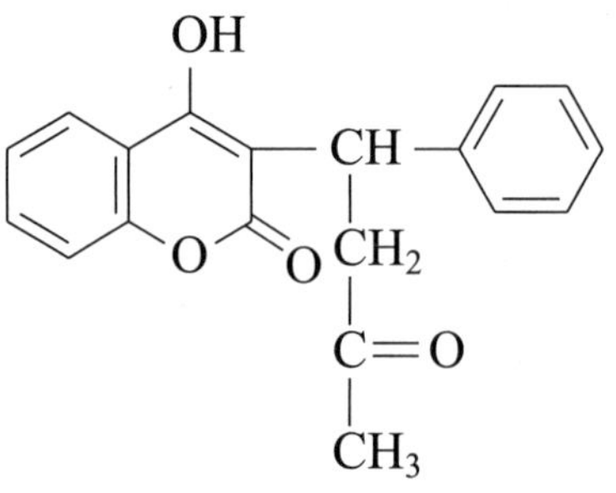

A. 分子中有 1 个手性碳原子　　B. 遇到 FCl_3 溶液显紫色

C. 1 mol 杀鼠灵最多能与 7 mol H_2 反应　　D. 能萃取碘水中的碘单质

8. 糖类的生理功能是（　　）。

A. 提供能量　　B. 蛋白聚糖的组成成分

C. 构成细胞膜　　D. 提供热量

9. 麦芽糖结构中的苷键是（　　）。

A. α-1，6-糖苷键　　B. α-1，4-糖苷键

C. β-1，2-糖苷键　　D. β-1，4-糖苷键

10. 食品和营养专家劝大家少吃油炸食品，是因为某些高温油炸食品中含有一定量的致癌物质 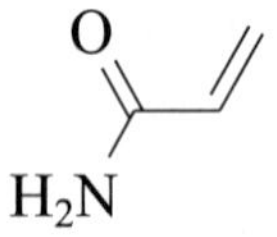

（丙烯酰胺）。下列关于丙烯酰胺的叙述正确的是（　　）。

A. 只有 4 种同分异构体　　B. 既属于酰胺类又属于烯烃

C. 能在碱性条件下发生水解反应　　D. 能使酸性 $KMnO_4$ 溶液和溴水褪色

11. 某有机化合物能与新制的氢氧化铜反应生成砖红色沉淀，该有机物的分子量为44。燃烧该有机物2.2 g，生成2.24 L（已换算成标准状态下的体积）二氧化碳。下列说法不正确的是（　　）。

A. 该有机物是乙醛

B. 1 mol 该有机物能够和1 mol 氢气加成

C. 燃烧该有机物4.4 g，生成1.8 g 水

D. 0.01 mol 该有机物与足量银氨溶液充分反应，析出金属银2.16 g

12. 下列关于基本杂环化合物的叙述中，错误的是（　　）。

A. 含环状结构　　B. 环系稳定，有一定芳香性

C. 属含氮化合物　　D. 杂原子为N、O、S等

13. 下列杂环化合物中，不属于五元杂环的是（　　）。

A. 吡咯　　B. 咪唑　　C. 吡唑　　D. 吡啶

14. 油脂既是重要的食物，又是重要的化工原料。油脂的以下性质和用途与其含有的不饱和双键有关的是（　　）。

A. 适量摄入油脂，有助于人体吸收多种脂溶性维生素和胡萝卜素

B. 利用油脂在碱性条件下的水解，可以生产甘油和肥皂

C. 植物油通过氢化可以制造植物奶油（人造奶油）

D. 脂肪是有机体组织里储存能量的重要物质

15. 核酸存在于一切生物体中，也是生命的基础物质。对核酸的研究是近年来科学研究最活跃的领域。以下关于核酸的论述正确的是（　　）。

A. 核酸是核蛋白的非蛋白部分，也是由氨基酸残基组成的

B. 核酸有核糖核酸和脱氧核糖核酸两类，共同对蛋白质的合成和生物遗传起重要作用

C. 核酸是高分子化合物，可以进一步水解得到核苷酸，核苷酸仍然是高分子化合物

D. 核酸水解产物中含有磷酸、脱氧核糖和碱基

三、判断题（每小题1分，共10题，10分）

1. 日常所用的燃油、添加剂、防冻剂和润滑剂都是有机化合物。（　　）

2. 苯酚与溴水反应，可立即反应生成白色沉淀，该反应灵敏，可用于苯酚的鉴别。（　　）

3. 卤代烃的命名是以烃为母体，以卤原子为取代基。（　　）

4. 丙烯与氯化氢加成的产物有2种。（　　）

5. 等物质的量的氯气与乙烷在光照条件下反应得到 9 种产物。( )

6. 多糖没有还原性,没有变旋光现象。( )

7. 碱性强弱:$CH_3NH_2 < NH_3$。( )

8. 丁醛和甲醛互为同系物。( )

9. 杂环化合物都是含氮化合物。( )

10. 为防止得佝偻病,小孩应经常晒太阳,亦可食用鱼肝油、牛奶等。( )

四、简答题(每小题 10 分,共 2 题,20 分)

1. 下面是核酸的结构片段

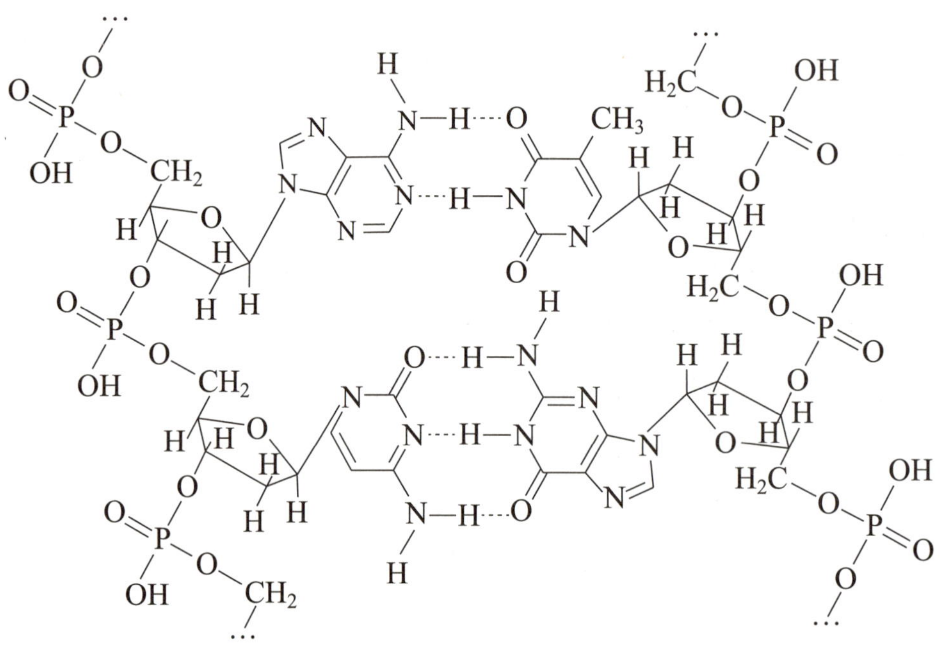

(1)根据该图分析,该核酸为______(填"DNA"或"RNA"),图中的虚线表示______。

(2)它在酶的作用下完全水解的产物中,含有______、戊糖和碱基,该戊糖的分子式为______,试写出水解生成的含氮原子数最少的碱基的结构简式:______。

2. 写出下列酯的名称

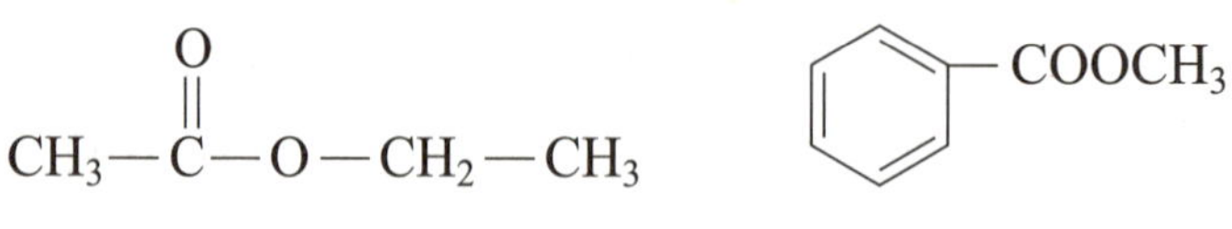

五、探究题（每小题 10 分，共 2 题，20 分）

1. 烟草中的主要有害成分是尼古丁，请问尼古丁的化学名称是什么？指出尼古丁结构中的杂环名称。列举尼古丁对人体的危害。

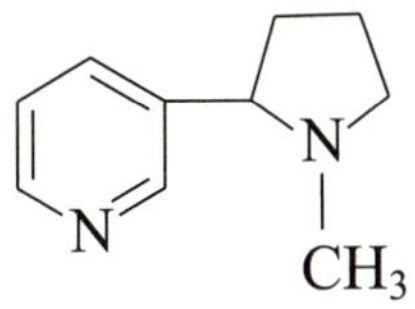

2. 0.3 g 某饱和一元醇与足量的钠反应后，生成 56 mL H_2（标准状态），求这种一元醇的分子式和分子量，并写出这种一元醇可能有的各种同分异构体的结构简式。

B 卷

一、选择题(每小题 1 分,共 20 题,20 分)

1. 下列说法正确的是(　　)。

A. 有机物都是从有机体中分离出来的物质

B. 有机物都是共价化合物

C. 有机物不一定都难溶于水

D. 有机物不具备无机物的性质

2. 燃烧石油会产生污染成分,主要原因是石油中含少量的(　　)。

A. 碳　　B. 氢　　C. 氧　　D. 硫、氮

3. 甲烷气体在氧气中燃烧生成二氧化碳和水的实验事实说明(　　)。

A. 甲烷的分子式为 CH_4　　B. 甲烷气体中含碳元素和氢元素

C. 甲烷气体中只含有碳元素和氢元素　　D. 甲烷的化学性质比较稳定

4. 下列反应中,能够说明烯烃分子具有不饱和结构的是(　　)。

A. 燃烧　　B. 加成反应　　C. 取代反应　　D. 裂化反应

5. 下列物质中,苯环上进行硝化反应活泼性最强的是(　　)。

A. 苯　　B. 溴苯　　C. 硝基苯　　D. 甲苯

6. 下列反应不属于水解反应的是(　　)。

A. 乙酰氯在空气中冒白烟　　B. 乙酐与水共热

C. 丙酰胺与 Br_2、NaOH 共热　　D. 皂化

7. 已知某化合物的结构如图所示,下列说法正确的是(　　)。

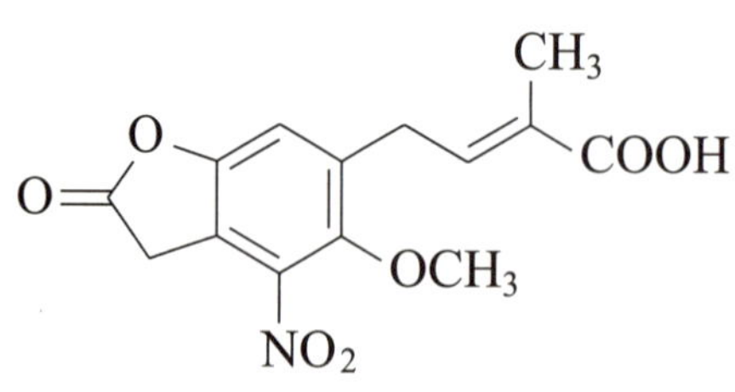

A. 该物质的分子式为 $C_{14}H_{12}NO_7$

B. 该物质分子中含有手性碳原子

C. 该物质能与 H_2、NaOH 溶液反应,且 0.5 mol 该物质最多能与 2.5 mol H_2 反应

D. 该物质分子结构中含有 5 种官能团

8. 已知有机物 A($C_{10}H_{20}O_2$)在酸性条件下能水解得 B 和 C,B 在一定条件下可以氧化得到 C,则符合条件的有机物 A 有(　　)。

A. 4 种　　B. 8 种　　C. 16 种　　D. 32 种

9. 下列乙醇的化学性质不是由羟基所决定的是（　　）。

A. 与金属钠反应

B. 在足量氧气中完全燃烧生成 CO_2 和 H_2O

C. 在浓硫酸存在时发生消去反应，生成乙烯

D. 当银或铜存在时与 O_2 发生反应，生成乙醛和水

10. 能证明苯酚具有弱酸性的实验是（　　）。

A. 加入浓溴水生成白色沉淀

B. 苯酚钠溶液中通入 CO_2 后，溶液由澄清变浑浊

C. 浑浊的苯酚加热后变澄清

D. 苯酚的水溶液中加入 NaOH，生成苯酚钠

11. 下列各组物质中既不是同系物也不是同分异构体的是（　　）。

A. 甲醛、丁醛　　B. 丙酮、丙醛

C. 乙醛、丙酮　　D. 苯甲醛、对甲基苯甲醛

12. 等物质的量浓度的下列稀溶液：① 乙醇；② 苯酚；③ 碳酸；④ 乙酸，它们的 pH 由大到小排列正确的是（　　）。

A. ①②③④　　B. ③①②④　　C. ④②③①　　D. ①③②④

13. 壳聚糖是一种可食性“人工果蜡”的主要成分，具有抑菌和保持果蔬光泽度的作用。壳聚糖是以氨基葡萄糖为单体的聚合物，其结构简式如图所示，下列关于壳聚糖的叙述正确的是（　　）。

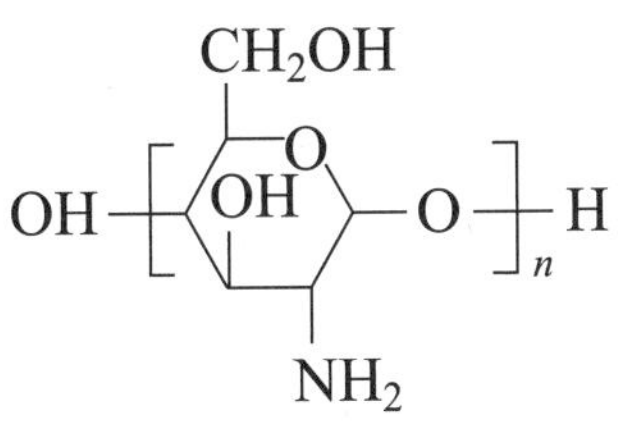

A. 单体的分子式为 $C_6H_{11}O_4N$

B. 分子中的氨基氮原子可与 Ag^+ 配位来增强抑菌作用

C. 不溶于酸溶液，具有生物可降解性

D. 分子中的手性碳原子有 5 个

14. 油脂既是重要的食物，又是重要的化工原料。油脂的以下性质和用途与其含有的不饱和双键有关的是（　　）。

A. 适量摄入油脂，有助于人体吸收多种脂溶性维生素和胡萝卜素

B. 利用油脂在碱性条件下的水解，可以生产甘油和肥皂

C. 植物油通过氢化可以制造植物奶油（人造奶油）

D. 脂肪是有机体组织里储存能量的重要物质

15. 胆固醇在体内与脂肪酸反应，生成胆固醇酯，属于（　　）。

A. 氢化反应　　B. 加碘反应　　C. 硬化反应　　D. 酯化反应

16. 下列杂环化合物中，属于苯稠杂环的是（　　）。

A. 噻吩　　B. 嘧啶　　C. 吲哚　　D. 嘌呤

17. 下列关于碳水化合物的叙述错误的是（　　）。

A. 葡萄糖是生物界含量最丰富的碳水化合物

B. 甘油醛是最简单的碳水化合物

C. 糖类又称碳水化合物

D. 碳水化合物分子中的氢原子和氧原子的数量比与水一样都是 2∶1

18. 下列关于淀粉与纤维素关系的叙述，错误的是（　　）。

A. 都是非还原糖　　B. 互为同分异构体

C. 都符合通式 $(C_6H_{10}O_5)_n$　　D. 都是高分子化合物

19. 下列关于蛋白质的说法不正确的是（　　）。

A. 蛋白质是由多种氨基酸加聚而成的高分子

B. 通常用酒精消毒，其原理是酒精使细菌中的蛋白质变性而失去生理活性

C. 浓的 Na_2SO_4 溶液能使溶液中的蛋白质析出，加水后析出的蛋白质又溶解

D. 鉴别织物成分是蚕丝还是“人造丝”可采用灼烧闻气味的方法

20. 核酸存在于一切生物体中，也是生命的基础物质。对核酸的研究是近年来科学研究最活跃的领域。以下关于核酸的论述正确的是（　　）。

A. 核酸是核蛋白的非蛋白部分，也是由氨基酸残基组成的

B. 核酸有核糖核酸和脱氧核糖核酸两类，共同对蛋白质的合成和生物遗传起重要作用

C. 核酸是高分子化合物，可以进一步水解得到核苷酸，核苷酸仍然是高分子化合物

D. 核酸水解产物中含有磷酸、脱氧核糖和碱基

二、判断题（每小题 1 分，共 10 题，10 分）

1. 日常所用的燃油、添加剂、防冻剂和润滑剂都是有机化合物。（　　）

2. 通式为 C_nH_{2n} 的有机物都是烯烃。（　　）

3. 卤代烃的性质没有相应烷烃活泼。（　　）

4. 不对称环烷烃发生开环加成反应时，环的断裂主要发生在含氢较多与含氢较少的成环碳原子间。（　　）

5. 分子式为 CCl_2F_2 的物质只有一种空间结构。(　　)

6. 乙酸可以与 $NaHCO_3$ 反应生成乙酸钠、CO_2 和 H_2O，说明乙酸的酸性比碳酸弱。(　　)

7. 氯胺(NH_2Cl)的水解产物为 NH_2OH 和 HCl。(　　)

8. 油分子中的不饱和脂肪酸含量比脂肪中高。(　　)

9. 多糖可以水解为多个单糖分子，重要的多糖有淀粉、糖原和纤维素。(　　)

10. 蛋白质中的 N 元素主要存在于肽键中，核酸中的 N 元素主要存在于碱基中。(　　)

三、计算题(每小题 5 分，共 4 题，20 分)

1. 0.3 g 某饱和一元醇与足量的钠反应后，生成 56 mL H_2(标准状态)，求这种一元醇的分子式和分子量，并写出这种一元醇可能有的各种同分异构体的结构简式。

2. 某有机物 3.2 g 完全燃烧，得到 4.4 g 二氧化碳和 3.6 g 水。此有机物的蒸气对氢气的相对密度为 16，该有机物与金属钠反应放出氢气。求该有机物的分子式和结构简式。

3. 某蛋白质充分水解后，能分离出有机化合物 R，R 可与等物质的量的 KOH 或 HCl 完全反应。3.75 g R 可与 50 mL 1 mol/L 的 NaOH 溶液完全中和，试通过计算写出 R 的分子式和结构简式。

4. A 是某天然蛋白质在一定条件下发生水解得到的产物之一。经测定：A 的分子量不超过 200，其中氧元素所占质量分数约为 26.5%；等物质的量的 A 分别与 NaOH、Na 充分反应，消耗两者的物质的量之比为 1∶2；经仪器分析 A 分子中含有苯环，不含—CH_2—和—CH_3 基团。通过计算求出 A 的摩尔质量和结构简式。

四、简答题(每小题 6 分，共 5 题，30 分)

1. 请简要说明卤代烃的分类方式和具体分类内容。

2. 肉桂中含有肉桂醛，肉桂醛是一种食用香精，它广泛用于牙膏、洗涤剂、糖果以及调味品中。工业上可通过下列反应制备肉桂醛(B)：

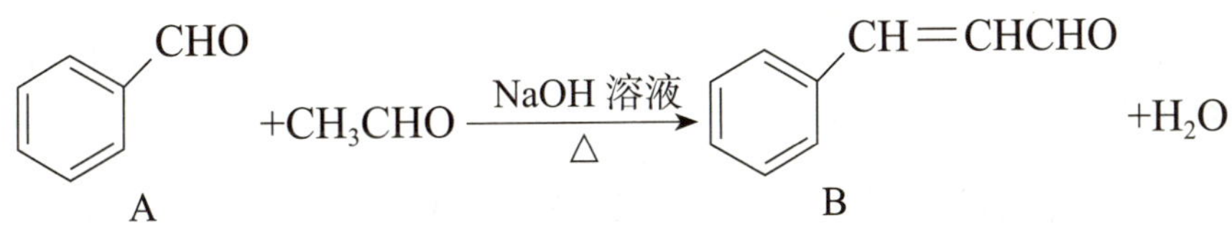

（1）请推测 B 侧链上可能发生反应的类型：____________________________（任填两种）。

（2）请写出两分子乙醛在上述条件下反应的化学方程式：____________________。

（3）如何利用化学试剂区分 A 和 B？__________________。

3. 胆固醇在人体血液中的正常含量是多少？胆固醇过多会引起什么疾病？

4. 用化学方法鉴别苯和噻吩。

5. 简要介绍蔗糖的性质和用途。

五、探究题（每小题 10 分，共 2 题，20 分）

1. 化学式为 $C_8H_{10}O$ 的化合物 A 具有如下性质：

① 加入 Na → 慢慢产生气泡；

② $A+RCOOH \xrightarrow[\triangle]{浓\ H_2SO_4}$ 有香味的产物；

③ $A \xrightarrow{KMnO_4/H^+}$ 苯甲酸；

④ 其催化脱氢产物不能发生银镜反应；

⑤ 其脱水反应的产物，经聚合反应可制得一种塑料制品（目前主要的“白色污染”源之一）。

试回答：

（1）根据上述信息，对该化合物的结构可作出的判断是（　　）。（多选题）

A. 苯环上直接连羟基

B. 肯定有醇羟基

C. 苯环侧链末端有甲基

D. 肯定是芳香烃

（2）化合物 A 的结构简式为__________。

（3）A 和金属钠反应的化学方程式：__________________。

2. 酪氨酸是一种生命活动中不可缺少的氨基酸，它的结构简式是：

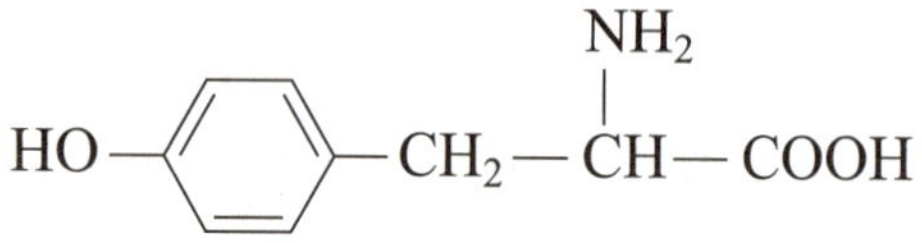

（1）酪氨酸能发生的化学反应类型有（　　）。（多选题）

A. 取代反应　　B. 氧化反应　　C. 酯化反应

D. 中和反应　　E. 消去反应

（2）写出一种同时满足以下三个条件的酪氨酸的同分异构体____________（答案合理

即可）。

① 苯环上有两个取代基，且遇 $FeCl_3$ 溶液呈紫色；② 分子中不含有甲基；③ 属于氨基酸。

（3）已知氨基酸能与碱反应，写出酪氨酸与足量的NaOH溶液反应的化学方程式：____。

C 卷

一、选择题（每小题 1 分，共 20 题，20 分）

1. 有机化合物的种类比无机物种类多的原因是（　　）。

A. 碳原子活性较大

B. 地壳中碳原子含量较高

C. 碳原子可以和许多原子结合，结合方式多种多样；还存在同分异构现象

D. 碳原子可以和所有原子结合

2. 构成有机化合物的主要化学键是（　　）。

A. 离子键　　B. 共价键　　C. 金属键　　D. 分子间力

3. 以天然气中的甲烷为原料，在 NO 的催化下生产甲醛的反应属于（　　）反应。

A. 卤代　　B. 还原　　C. 催化氧化　　D. 完全氧化

4. 以下关于烯烃命名选取主链的说法正确的是（　　）。

A. 选取最长的碳链

B. 选取包含碳碳双键（$\gt C=C \lt$）的链

C. 不论是否包含碳碳双链（$\gt C=C \lt$），只要含支链最多即可

D. 选取包含碳碳双链（$\gt C=C \lt$）的最长碳链

5. 类推是学习与研究中一种常用的推理方法。下列有关类推正确的是（　　）。

A. 乙烯分子中所有原子在同一平面上，丙烯分子中所有原子也在同一平面上

B. 甲烷为正四面体结构，一氯甲烷也为正四面体结构

C. 溴乙烷能发生消去反应，1- 溴丙烷也能发生消去反应

D. 苯不能使酸性高锰酸钾溶液褪色，苯的同系物也不能使酸性高锰酸钾溶液褪色

6. 有机物 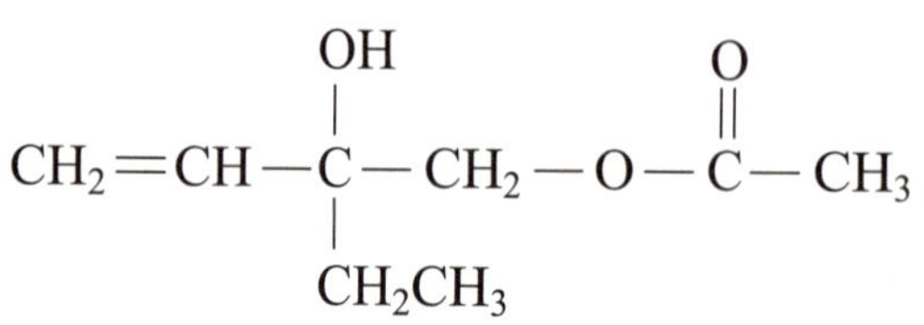 具有手性，发生下列反应后，分子仍有手性的是（　　）。

① 与 H_2 发生加成反应；② 与乙酸发生酯化反应；③ 发生水解反应；④ 发生消去反应

A. ①②　　B. ②③　　C. ①④　　D. ②④

7. 已知碳碳单键可以绕键轴自由旋转，结构简式为如图所示的烃，下列说法中正确的

是(   )。

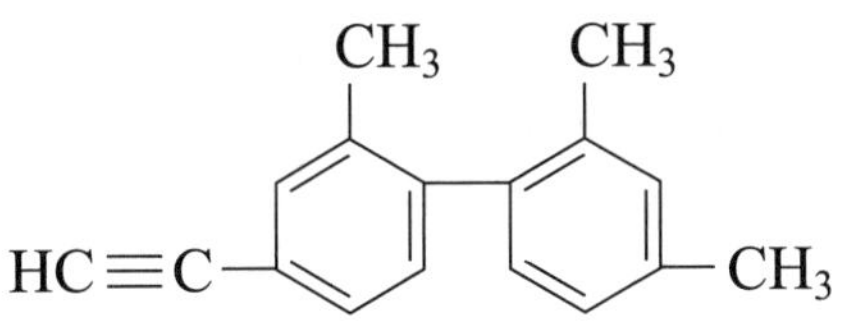

A. 分子中处于同一直线上的碳原子最多有 6 个

B. 该烃苯环上的二氯代物共有 13 种

C. 该烃的一氯代物共有 8 种

D. 分子中至少有 12 个碳原子处于同一平面

8. 下列试剂能鉴别苯酚溶液、戊烯、已烷、乙醇四种液体的是(   )。

A. 溴水　　B. 新制 $Cu(OH)_2$ 悬浊液

C. NaOH 溶液　　D. 水

9. 某有机化合物能与新制的氢氧化铜反应生成砖红色沉淀,该有机物的分子量为 44。燃烧该有机物 2.2 g,生成 2.24 L(已换算成标准状况下的体积)二氧化碳。下列说法不正确的是(   )。

A. 该有机物是乙醛

B. 1 mol 该有机物能够和 1 mol 氢气加成

C. 燃烧该有机物 4.4 g,生成 1.8 g 水

D. 0.01 mol 该有机物与足量银氨溶液充分反应,析出金属银 2.16 g

10. 褪黑素是大脑松果体内分泌的一种吲哚类激素,与多种生命活动密切相关,其结构简式如图所示。下列说法正确的是(   )。

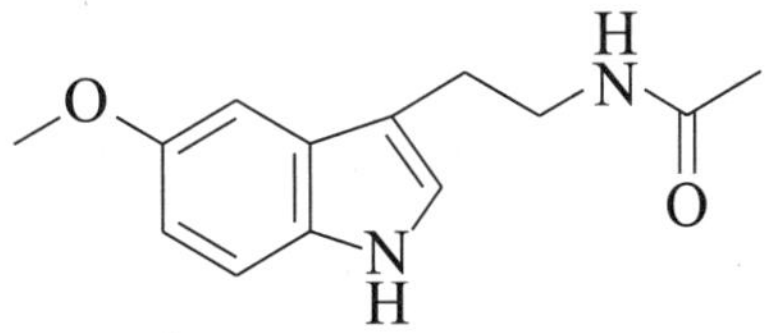

A. 该物质属于芳香烃

B. 所有原子可能处于同一平面

C. 既能发生加成反应,又能发生取代反应

D. 该有机物分子式为 $C_{13}H_{14}N_2O_2$

11. 油脂皂化值的大小可以用来判断油脂的(   )。

A. 平均分子量　　B. 酸败程度

C. 不饱和程度　　D. 在水中的溶解度

12. 存在于人体皮肤中,在紫外线照射下可以转化为 D 族维生素的是(   )。

A. 7–去氢胆固醇　　B. 高级脂肪酸

C. 胆汁酸盐　　D. 磷脂

13. 下列有机化合物中,不能和重铬酸钾的浓硫酸溶液(生物碱显色剂)发生显色反应的是(　　)。

A. 可待因　　B. 阿托品　　C. 松节油　　D. 尼古丁

14. 下列化合物不属于糖类的是(　　)。

A. 脱氧核糖　　B. 麦芽糖　　C. 蔗糖　　D. 乳酸

15. 麦芽糖结构中的苷键是(　　)。

A. α–1,6–糖苷键　　B. α–1,4–糖苷键

C. β–1,2–糖苷键　　D. β–1,4–糖苷键

16. 1773 年,某位科学家将肉块放入小巧的金属笼中,然后让鹰吞下去。过一段时间他将小笼取出,发现肉块消失了,从而开始了人类对酶的研究。下列关于酶的叙述中,不正确的是(　　)。

A. 酶是一种糖类

B. 酶的催化作用具有选择性和专一性

C. 酶是生物体内产生的催化剂

D. 绝大多数酶受到高温或重金属盐作用时会变性

17. 下列有关核酸的叙述正确的是(　　)。

A. 核酸对生物体的生长繁殖、遗传变异等起着决定性作用,是生命活动的控制者,大量存在于细胞核中

B. 核酸控制着蛋白质的合成与细胞的分裂,主要存在于细胞质中

C. 生物体遗传信息的载体 DNA,大量存在于细胞核中,决定蛋白质的合成

D. 生物体遗传信息的载体 RNA,大量存在于细胞质中,控制蛋白质的合成

18. 乳酸分子中含有的官能团是(　　)。(多选)

A. —OH　　B. —COOH　　C. —CHO　　D. —CO—

19. 能与环氧乙烷反应的物质是(　　)。(多选)

A. 水　　B. 酚　　C. 胺　　D. 羧酸

20. 易产生成瘾性或依赖性的生物碱有(　　)。(多选)

A. 吗啡　　B. 小檗碱　　C. 烟碱

D. 肾上腺素　　E. 麻黄碱

二、判断题（每小题 1 分，共 10 题，10 分）

1. 有机化合物熔点、沸点低的原因是有机物分子是共价键构成的分子，分子间通过范德华力结合，破坏此晶体需要的能量低。（　　）

2. 松节油不能使酸性高锰酸钾溶液和溴的四氯化碳溶液褪色。（　　）

3. 苯与浓硝酸及浓硫酸的混合物（混酸）共热，发生硝化反应，浓硫酸除了起催化作用外，还是脱水剂。（　　）

4. 已知二氯苯有 3 种同分异构体，则四氯苯的同分异构体的数目为 6 种。（　　）

5. 相同碳原子的醇酸和酮酸在一定条件下可以相互转化。（　　）

6. 烟酰胺 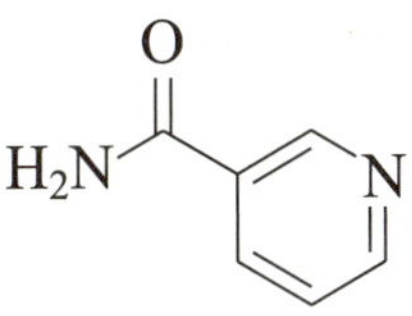 在酸性条件下水解生成 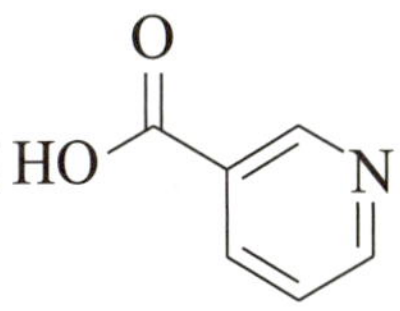 和 NH_3。（　　）

7. 蜡是自然界中存在的长链羧酸和甘油形成的酯。（　　）

8. 吗啡、可待因和海洛因都属于生物碱。（　　）

9. 麦芽糖主要存在于发芽的谷粒和麦芽中，饴糖就是麦芽糖的粗制品。（　　）

10. 蛋白质在碱性溶液中与微量硫酸铜溶液反应呈现紫红色，蛋白质的含量越多，产生的颜色越浅。（　　）

三、计算题（每小题 5 分，共 4 题，20 分）

1. 含有 C、H、O 的化合物，其 C、H、O 的质量比为 12 : 1 : 16，其蒸气相对于氢气的密度为 58，它能与小苏打反应放出 CO_2，也能使溴水褪色，0.58 g 这种物质能与 50 mL 0.2 mol/L 的氢氧化钠溶液完全反应。试回答：

（1）该有机物中各原子个数比 $n(C) : n(H) : n(O)$ =＿＿＿＿＿＿＿＿。

（2）该有机物的摩尔质量为＿＿＿＿＿＿＿＿，写出分子式＿＿＿＿＿＿＿＿。

（3）该有机物的可能结构简式有＿＿＿＿＿＿＿＿。

2. 某烷烃和单烯烃的混合气体 2.24 L，将其完全燃烧，产生的气体缓缓通过浓硫酸，浓硫酸增重 4.05 g，将剩余气体通入碱石灰，碱石灰质量增加了 6.60 g，另取该混合气体 2.24 L 通过过量溴水，溴水质量增加了 1.05 g。

（1）混合气体由哪两种烃组成：＿＿＿＿＿＿＿＿。

（2）两种烃的体积分数各是多少：＿＿＿＿＿＿＿＿。

3. 纤维素的组成可以用（$C_6H_{10}O_5$）$_n$ 表示，其中重复的单元称为葡萄糖单元。已知某种棉花纤维的平均分子量为 163 296。

（1）这种纤维素中平均每个分子含有______________个葡萄糖单元。

（2）3.24 g 上述纤维素与足量的醋酸酐作用，得到醋酸纤维 4.92 g，则这种纤维素平均每个分子中有______________个醇羟基被酯化。

4. 某 CH_4 和 CO 组成的混合气体与氢气的密度比为 12.5，现有该混合气体 33.6 L（标准状态下）在氧气中充分燃烧，将所得气体通过装有足量的浓硫酸的试剂瓶，求试剂瓶增重______________克。

四、简答题（每小题 6 分，共 5 题，30 分）

1. 某有机物，在标准状态下，其蒸气密度为 2.054 g/L，则其摩尔质量为______________，又知 4.6 g 该有机物完全燃烧生成二氧化碳 2.24 L（标准状态）和 1.8 g 水，则该有机物的分子式为______________，该有机物能与乙醇发生酯化反应，则该有机物的结构简式为______________。

2. 在烷烃分子结构中，若每减少 2 个氢原子，则相当于碳碳间增加 1 对共用电子，试回答下列问题：

（1）分子式为 C_nH_{2n+2} 的烃分子中碳碳间共用电子对数为______________。

（2）分子式为 C_nH_{2n-6} 的烃分子中碳碳间共用电子对数为______________。

（3）C_X 可看作是烃减氢后的产物，若某物质分子中碳碳间的共用电子对数为 160，则符合该条件、通式为 C_nH_{2n} 的烃的分子式为______________。

3. 羧酸 A 和醇 B（A、B 中均只有一个官能团）形成的酯 C，已知：① 2.2 g C 燃烧可生成 4.4 g CO_2 和 1.8 g H_2O；② 1.76 g C 与 50 mL 0.5 mol/L 的 NaOH 溶液共热后，为了中和剩余的碱液，耗去 0.2 mol/L 的盐酸 25 mL；③ 取 C 水解后所得的醇 B 0.64 g，跟足量的钠反应时，标准状态下收集到 224 mL H_2。求：

（1）C 的分子量、分子式、结构简式；

（2）写出 C 与 NaOH 溶液共热反应的化学方程式。

4. 一个重 100 g 的洁净烧瓶中，加入两种饱和一元醛 A 和 B 的混合液 2.55 g，向混合液中加入足量的银氨溶液，并水浴加热，经充分反应后，过滤、仔细洗涤、干燥，称得瓶和固体质量共 110.8 g。已知 B 比 A 的分子量大 14。求：

（1）A 的结构简式为______________B 的结构简式为______________；

（2）A 和 B 的物质的量之比为______________。

5. 10.8 g 某芳香族化合物 A 完全燃烧后，将生成的气体依次通过足量的浓盐酸和碱石灰，经测定前者增重 7.2 g，后者增重 30.8 g。A 的蒸气密度是相同状态下 H_2 的 54 倍。则：

（1）A 的分子式为____________。

（2）若 A 不能与 NaOH 溶液反应，则 A 的结构简式为____________、____________。

（3）若 A 与浓溴水作用时，1 mol A 能消耗 3 mol Br_2，则 A 的结构简式为____________。

五、拓展题（每小题 10 分，共 2 题，20 分）

1. 有 7 瓶有机物 A、B、C、D、E、F、G，它们可能是苯、甲苯、己烯、苯酚、乙醇、乙醛、乙酸，为确定每瓶成分，进行下列实验：

① 取 7 种少量有机物，分别加水，振荡后与水分层的是 A、D、G；

② 取少量 A、D、G 分别加入溴水，振荡后，只有 D 能使溴水褪色，且有机层为无色；

③ 取少量 A、G，分别加入酸性 $KMnO_4$ 溶液，振荡后，G 能使酸性 $KMnO_4$ 溶液褪色；

④ 取少量 A 加入浓 H_2SO_4 和浓 HNO_3，加热后倒入水中，有苦杏仁味黄色油状液体生成；

⑤ 取少量 B、C、E、F，分别加入银氨溶液，经水浴加热后，只有 B 出现银镜；

⑥ 取少量 C、E、F，若分别加入金属钠，均有 H_2 放出；若分别加入 Na_2CO_3 溶液，只有 F 有气体放出；

⑦ 取少量 C、E，滴入浓溴水，E 生成白色沉淀；

⑧ 取少量 C、F，混合后加入浓 H_2SO_4，加热后有果香味的油状液体生成。

（1）试推断 A、C、F、G 各是什么物质？写出它们的分子式。

A____________，C____________，F____________，G____________。

（2）写出实验⑤反应的化学方程式________________________。

（3）写出实验⑦反应的化学方程式________________________。

2. 有 A、B、C、D 四种有机物，均由碳、氢、氧三种元素组成。A、B 的实验式相同，B、C 的分子式相同，B、C 在一定条件下相互作用生成 D。常温常压下，A 是气体，B、C、D 是固体，四种物质均易溶于水，A、B、C 可发生银镜反应，B 的分子量是 A 的分子量的 6 倍。

（1）写出四种有机物的名称：

A. ____________；B. ____________；C. ____________；D. ____________。

（2）写出 D 的一种同分异构体发生水解反应的化学方程式：__________________。

郑重声明

高等教育出版社依法对本书享有专有出版权。任何未经许可的复制、销售行为均违反《中华人民共和国著作权法》，其行为人将承担相应的民事责任和行政责任；构成犯罪的，将被依法追究刑事责任。为了维护市场秩序，保护读者的合法权益，避免读者误用盗版书造成不良后果，我社将配合行政执法部门和司法机关对违法犯罪的单位和个人进行严厉打击。社会各界人士如发现上述侵权行为，希望及时举报，我社将奖励举报有功人员。

反盗版举报电话　(010) 58581999　58582371

反盗版举报邮箱　dd@hep.com.cn

通信地址　北京市西城区德外大街 4 号　高等教育出版社知识产权法律事务部

邮政编码　100120

读者意见反馈

为收集对教材的意见建议，进一步完善教材编写并做好服务工作，读者可将对本教材的意见建议通过如下渠道反馈至我社。

咨询电话　400-810-0598

反馈邮箱　zz_dzyj@pub.hep.cn

通信地址　北京市朝阳区惠新东街 4 号富盛大厦 1 座　高等教育出版社总编辑办公室

邮政编码　100029

防伪查询说明

用户购书后刮开封底防伪涂层，使用手机微信等软件扫描二维码，会跳转至防伪查询网页，获得所购图书详细信息。

防伪客服电话　(010) 58582300

学习卡账号使用说明

一、注册 / 登录

访问 https://abooks.hep.com.cn，点击“注册 / 登录”，在注册页面可以通过邮箱注册或者短信验证码两种方式进行注册。已注册的用户直接输入用户名加密码或者手机号加验证码的方式登录。

二、课程绑定

登录之后，点击页面右上角的个人头像展开子菜单，进入“个人中心”，点击“绑定防伪码”按钮，输入图书封底防伪码(20 位密码，刮开涂层可见)，完成课程绑定。

三、访问课程

在“个人中心”→“我的图书”中选择本书，开始学习。

如有账号问题，请发邮件至：4a_admin_zz@pub.hep.cn。